UTB

Eine Arbeitsgemeinschaft der Verlage

Böhlau Verlag · Wien · Köln · Weimar
Verlag Barbara Budrich · Opladen · Toronto
facultas.wuv · Wien
Wilhelm Fink · München
A. Francke Verlag · Tübingen und Basel
Haupt Verlag · Bern · Stuttgart · Wien
Julius Klinkhardt Verlagsbuchhandlung · Bad Heilbrunn
Mohr Siebeck · Tübingen
Nomos Verlagsgesellschaft · Baden-Baden
Ernst Reinhardt Verlag · München · Basel
Ferdinand Schöningh · Paderborn · München · Wien · Zürich
Eugen Ulmer Verlag · Stuttgart
UVK Verlagsgesellschaft · Konstanz, mit UVK/Lucius · München
Vandenhoeck & Ruprecht · Göttingen · Bristol
vdf Hochschulverlag AG an der ETH Zürich

Uni Tipps

herausgegeben von Helga Esselborn-Krumbiegel

In der Reihe sind bisher erschienen:

H. Esselborn-Krumbiegel:	*Richtig wissenschaftlich schreiben*
M. Herrmann u.a.:	*Schlüsselkompetenz Argumentation*
A. Limburg/S. Otten:	*Schreiben in den Wirtschaftswissenschaften*
C. Mix:	*Schreiben im Jurastudium*
E. Püschel:	*Selbstmanagement und Zeitplanung*
K. Schindler:	*Klausur, Protokoll, Essay*

Judith Theuerkauf

Schreiben im Ingenieurstudium

Effektiv und effizient zur Bachelor-, Master- und Doktorarbeit

Ferdinand Schöningh

Die Autorin:

Judith Theuerkauf ist Diplom-Ingenieurin (Fachrichtung Technischer Umweltschutz) mit langjähriger Erfahrung in der Betreuung von Abschlussarbeiten. In verschiedenen Forschungsprojekten hat sie sich mit ingenieurwissenschaftlichen Schreibprozessen und Anforderungen an Fachtexte beschäftigt und dazu didaktische Modelle und Arbeitsmaterialien entwickelt. Seit 2010 arbeitet Judith Theuerkauf als freiberufliche Schreibtrainerin, Text-Coach, Autorin und Bloggerin (www.textistenzia.de).

Online-Angebote oder elektronische Ausgaben sind erhältlich unter **www.utb-shop.de**

Bibliografische Information der Deutschen Nationalbibliothek

Die Deutsche Nationalbibliothek verzeichnet diese Publikation in der Deutschen Nationalbibliografie; detaillierte bibliografische Daten sind im Internet über http://dnb.d-nb.de abrufbar.

Internet: www.schoeningh.de

Printed in Germany.
Herstellung: Ferdinand Schöningh, Paderborn
Einbandgestaltung: Atelier Reichert, Stuttgart

UTB-Band-Nr: 3644
ISBN 978-3-8252-3644-1

Inhalt

1 Müssen Ingenieure und Ingenieurinnen schreiben?

Ingenieurstudierende bewältigen im Studium vielfältige und komplexe Schreibaufgaben, wenn auch – studiengangsabhängig – mit unterschiedlicher Intensität: Sie schreiben Versuchsprotokolle, Studienarbeiten, Dokumentationen, Praktikumsberichte und natürlich die Abschlussarbeit. Sie schreiben in deutscher oder englischer Sprache, allein oder in der Gruppe, in Firmen oder sie bearbeiten eine Teilaufgabe im Rahmen von Forschungsprojekten.

Egal, wie viel und was *Sie* schreiben: Stets müssen Sie dabei aus der Fülle von Daten und möglichen Informationen die für Ihre spezifische Fragestellung notwendigen Informationen auswählen, aufbereiten und in eine fachspezifisch angemessene und adressatengemäße Form bringen, meist unter Zeitdruck.

Damit bereiten Sie sich schreibend auf das Berufsleben vor. Hier ist aus dem klassischen „Schraubingenieur" längst ein „Schreibingenieur" geworden, der Berichte schreibt, Fachartikel, Betriebsanweisungen, Projektanträge, Gutachten etc.

Vielleicht arbeiten Sie später in einem großen, weltweit agierenden Unternehmen. Dann sollten Sie wissen, welches Dokument Sie gerade von wem und warum erhalten haben und wer es nach Ihnen in den Händen halten wird. Und Sie sollten wissen, warum Sie dieses Dokument unterschreiben oder jenes Formular ausfüllen und weiterreichen oder wieder einmal einen wöchentlichen Report für das obere Management verfassen. Auch wenn in großen Betrieben oft eine eigene Abteilung, die Technische Dokumentation, die Schreibarbeit übernimmt – so ganz frei werden Sie dennoch nicht davon sein.

Oder Sie machen sich selbständig. Auch dann kommt einiges an Textarbeit auf Sie zu, besonders in der „Start-up"-Phase. Businessplan, Werbetexte, Anträge schreiben Sie vorwiegend selbst. Und von diesen Texten hängen Bewilligungen, Förderungen und Aufträge für Sie ab.

Fangen Sie daher besser gleich damit an, sich gezielt auf die Anforderungen in Ihrem zukünftigen Berufsleben vorzubereiten: mit Ihrer Bachelor-, Master- oder Doktorarbeit und mit diesem Buch!

Wenn Sie mit Ihrer Abschlussarbeit beginnen, haben Sie vermutlich zwei Ziele: Erstens möchten Sie eine gute Note für die Arbeit erhalten. Zweitens möchten Sie die Arbeit möglichst in der dafür vorgesehenen Zeit schaffen.

Bekommen Sie für Ihre Arbeit die gewünschte Note, ist die Arbeit für Sie effektiv. Wenn Sie das Ergebnis in der dafür vorgesehenen Zeit erreichen, haben Sie außerdem effizient gearbeitet.

Dieser Band soll Ihnen helfen, Ihre Abschlussarbeit sowohl effektiv als auch effizient zu bewältigen und Sie gleichzeitig auf die späteren Schreibanforderungen im Beruf einstimmen.

Damit dies gelingt, verbinde ich die Terminologie und Herangehensweise des heute aus dem Berufsleben der IngenieurInnen nicht mehr wegzudenkenden Projektmanagements mit Erkenntnissen aus der Schreibprozessforschung. Die Aufgabe, einen Fachtext zu schreiben, ist ein Schreib*projekt*, das gemanagt werden kann und muss.

Auch Ingenieurarbeit ist meist Projektarbeit. Und alle Projekte sind eng verbunden mit Texten. Texte spielen während des Projektverlaufes für das Erreichen des Projektzieles eine erhebliche Rolle: Texte bereiten ein Projekt vor, begleiten es und schließen es ab. Texte sind immer dabei und so wird Schreiben zu einem integralen Bestandteil von Projektmanagement. Insofern ist jedes Ingenieurprojekt zugleich immer auch ein *Schreib*projekt.

Der Band richtet sich an Bachelor- und Masterstudierende sowie Promovierende, die bislang wenig Erfahrung mit dem Schreiben umfangreicher Fachtexte haben. Der Band ist daher für Studierende im Anfangsstadium des Ingenieurstudiums, für die die Abschlussarbeit noch „Zukunftsmusik“ ist, ebenso interessant wie für jene, die mit ihrem Schreibprojekt gerade beginnen wollen.

In diesem Band möchte ich Ihnen neben notwendigem Wissen zu Schreibprozessen und Textmerkmalen vor allem auch in meinen Lehrveranstaltungen und Schreibworkshops erprobte „Tools“ und Tipps mit auf den Weg geben.

Lesen Sie dieses Buch am besten chronologisch von Anfang an, denn der Aufbau orientiert sich an den Phasen eines Schreibprojektes. In Abschnitt 2 finden Sie zunächst einen Überblick über diese Phasen. In den darauf folgenden Abschnitten werden Sie durch die einzelnen Phasen geführt und lernen die Aktivitäten und Textsorten kennen, die zur Bewältigung der jeweiligen Phase notwendig sind.

Suchen Sie hingegen gezielt nach Informationen, wie beispielsweise zum korrekten Zitieren, dann lesen Sie das Buch von hinten: Mit Hilfe des Registers am Ende des Buches finden Sie schnell, was Sie brauchen.

Kleine Übungen „zwischendurch“ sollen Sie dazu motivieren, hin und wieder Ihre gemütliche Lesehaltung in eine Schreibaktion umzuwandeln. Denn Schreiben lernen und trainieren Sie nur durch Schreiben!

2 Zerlegen Sie Ihr Schreibprojekt!

Für meine Bachelorarbeit machte ich im Labor Versuche zum Abbauverhalten von Mikroorganismen in Abwasserproben: Versuchsproben ansetzen, Abbauwerte messen – alles lief gut! Als die Versuche beendet waren, wollte ich mit dem Schreiben beginnen. Aber ich hatte mir in den Wochen im Labor kaum Notizen gemacht. Ich hatte nur meine Messwerte, die ich nicht mehr so recht zuzuordnen wusste! Andere Informationen hatte ich nicht. Ich hatte beim Experimentieren glatt vergessen, dass ich anschließend einen Bericht schreiben musste.
Ich musste also nochmal ganz von vorn angefangen.
(Florian, Student der Biotechnologie)

Florians Geschichte ist sicherlich ein Extremfall, zeigt aber etwas Typisches im Denken von Ingenieurstudierenden über das Schreiben: Erst kommt die Arbeit und dann schreiben wir nur noch auf, was wir gemacht haben und fertig! Diese Sichtweise trennt das „eigentliche" Schreiben von der Ingenieuraufgabe.

Schreiben ist jedoch ein komplexer Prozess. Dieser Prozess hat Parallelen zum Projektmanagement. Der Begriff „Schreibprojekt" integriert daher Begriffe aus dem Projektmanagement in fachliche Schreibprozesse. Die Ingenieurarbeit und das Schreiben werden so zu parallel verlaufenden und miteinander verzahnten Prozessen, die gleichberechtig sind.

2.1 Die Phasen des Schreibprojektes

Ihre Abschlussarbeit ist ein Projekt im Sinne der Definition nach DIN 69901-5 (Projektmanagement – Projektmanagementsysteme – Teil 5: Begriffe). Demnach ist ein Projekt ein *Vorhaben, das im Wesentlichen durch Einmaligkeit der Bedingungen in ihrer Gesamtheit gekennzeichnet ist* (DIN 69901-5, S. 11).

Die Einmaligkeit der Bedingungen zeigt sich laut Norm in der Zielvorgabe, aber auch durch zeitliche oder finanzielle Begrenzungen. Ihre Abschlussarbeit ist für *Sie* einmalig, denn im Allgemeinen schreiben Sie sie erstmalig; es handelt sich also nicht um eine Routineaufgabe. Auch die

Zielvorgabe Ihrer Arbeit ist einzigartig, denn sie wurde in dieser Form von niemandem zuvor bearbeitet. Ihre Ressourcen sind ebenfalls begrenzt, besonders zeitlich, denn der offizielle Bearbeitungszeitraum limitiert Ihr Schreibprojekt.

In einem Schreibprojekt fällt eine Vielzahl von Aktivitäten an. Diese Aktivitäten müssen Sie eigenständig identifizieren, organisieren, kontrollieren und koordinieren. Mit anderen Worten: Sie müssen Ihr Schreibprojekt managen, denn Projektmanagement umfasst *die Gesamtheit von Führungsaufgaben, -organisation, -techniken und -mitteln* (DIN 69901-5, S. 14), die notwendig sind, um ein Projekt erfolgreich durchzuführen.

Das Projektmanagement kann in die Phasen Projektstart und Zielpräzisierung, Projektplanung, Projektumsetzung, -kontrolle und -abschluss sowie die projektbegleitenden Prozesse Qualitätsmanagement, Risiko- und Chancenmanagement unterteilt werden (vgl. Bea, Franz Xaver; Scheurer, Steffen; Hesselmann, Sabine, *Projektmanagement*, 2. Aufl., Konstanz, München, 2011, S. 43). Diese Phasen werden jedoch nicht zeitlich nacheinander abgearbeitet, sondern mehrfach durchlaufen. Auch sind die Phasen nicht klar voneinander abgegrenzt. Projektmanagementphasen sind eher Schwerpunkte, die sich immer wieder während eines Projektes bilden und in denen bestimmte Aktivitäten besonders fokussiert werden.

Auch Schreibprojekte verlaufen in Phasen (s. Abb. 1):

- Projektvorbereitung,
- Materialsammlung,
- Materialaufbereitung,
- Textentwurf,
- Textoptimierung.

Begleitet werden alle Phasen durch Kontrollprozesse, die in der Abbildung durch die Doppelpfeile zwischen allen Phasen repräsentiert werden.

Die Phasen eines Schreibprojektes enthalten alle genannten Projektmanagementphasen, wie das folgende Beispiel des Schreibprojektes „Bewerbung schreiben" illustriert:

Paul sucht dringend einen Job. Er findet am Schwarzen Brett in der Uni eine Stellenausschreibung mit der Aufforderung, sich mit den „üblichen Unterlagen" zu bewerben. Der Abgabetermin für die Bewerbung ist in zehn Tagen. Pauls beschließt sich zu bewerben und markiert so den **Projektstart** seines Schreibprojektes „Bewerbung schreiben".

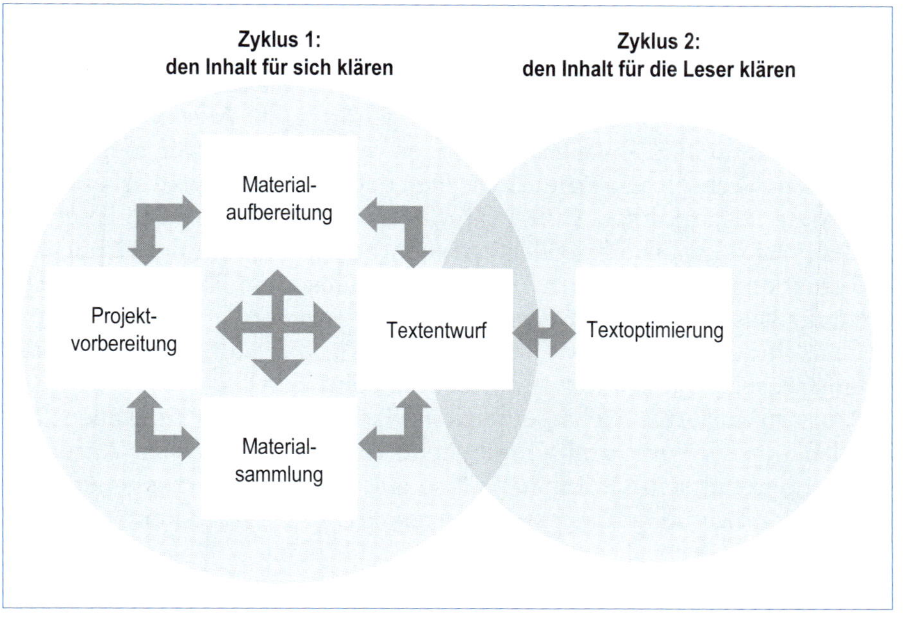

Abb. 1: Allgemeine Phasen eines Schreibprojektes

Leider hat Paul keine Ahnung, was die „üblichen Unterlagen" sind. Er recherchiert im Internet. Seine WG-Mitbewohnerin gibt ihm außerdem ein Buch über Bewerbungen. Damit befindet sich Paul in der Phase **Materialsammlung**. Material bedeutet hier zunächst Information.

Paul braucht die Informationen, um sein Ziel „Bewerbung schreiben" zu präzisieren. Die **Zielpräzisierung** gehört zur Phase **Projektvorbereitung**. Paul bewegt sich also in dem Modell gerade auf dem Doppelpfeil zwischen den Phasen Projektvorbereitung und Materialsammlung hin und her.

Mit Hilfe der Informationen aus Buch und Internet weiß Paul nun, was er für die Bewerbung braucht: Anschreiben und Lebenslauf, ein aktuelles Foto, Zeugniskopien. Das alles kommt in eine Bewerbungsmappe, dann in einen frankierten Briefumschlag und ab damit zur Post.

Hier zeigt sich, dass der Begriff Material nicht nur die Informationen allein umfasst, sondern in Pauls Schreibprojekt auch die Mappe, das Foto, die Zeugniskopien, den Briefumschlag mit der Briefmarke sowie Anschreiben und Lebenslauf.

Ein Foto findet Paul im Fotoalbum. Die Zeugnisse liegen noch in seinem Elternhaus; er muss also seine Eltern anrufen. Eine Mappe kauft er auf dem Weg zur Uni und nun steht er vor dem nächsten Problem: Wie schreibt man einen Lebenslauf und was gehört in ein Anschreiben?

Paul muss sein Ziel weiter präzisieren und braucht dafür mehr Informationen, wechselt also erneut zwischen den Phasen Projektvorbereitung und Materialsammlung: Paul erfährt, dass er im Anschreiben Interesse an der Firma signalisieren solle. Paul sucht auf der Website der Firma nach Informationen über die Firma, die Firmenphilosophie, Tätigkeitsbereiche – daraus lässt sich was für das Anschreiben machen ... Was aber gehört noch in ein Anschreiben, wie ist es aufgebaut und wie formuliert Paul sein Interesse, seine Motivation und Kompetenz im Text?

Paul strukturiert zunächst seine biografischen Daten für den Lebenslauf in tabellarischer Form und schreibt erste Textbausteine für das Anschreiben. Er bereitet sein „Rohmaterial" so auf, dass ein überzeugendes Gesamtwerk entsteht, befindet sich nun also in der Phase Materialaufbereitung.

Zwischendurch wechselt er immer mal wieder in die Phase Materialsammlung, etwa wenn er noch einmal recherchieren muss, wie ein Lebenslauf eigentlich aufgebaut ist. Gleichzeitig befindet er sich, indem er Textbausteine für das Anschreiben verfassen, auch schon in der Phase Textentwurf. Die Phasenübergänge sind also fließend.

Paul betrachtet seine Bewerbung nun mit den Augen der zukünftigen Leser und Leserinnen: Ihm wird klar, dass seine Bewerbung das Produkt verschiedener Materialien ist, die zusammen mehr ergeben als die Summe ihrer Einzelteile. Vielmehr müssen alle Teile in einem sinnvollen Verhältnis zueinander stehen, damit der Gesamteindruck stimmt. Ein tolles Foto allein reicht nicht, um eingeladen zu werden. Die schickste Mappe macht keinen bleibenden Eindruck, wenn die Zeugnisse schlecht sind. Und andererseits nützen ihm auch die besten Zeugnisse nichts, wenn das Anschreiben schlecht geschrieben ist.

Aus diesem Grund ist das Schreibprojekt in zwei Zyklen geteilt: Im ersten Zyklus klärt der Autor seine Inhalte für sich selbst. Im zweiten Zyklus klärt der Autor seine Inhalte für die Leser und Leserinnen. Da aber auch die Übergänge zwischen den Zyklen fließend sind, überlappen sich die beiden Kreise in dem Modell (s. Abb. 1).

Wolken erscheinen an Pauls Horizont: Ist das Foto wirklich gut? Es zeigt ihn kurz nach dem Abitur vor fünf Jahren. Außerdem hat er seine Eltern bislang telefonisch nicht erreicht ...

Pauls internes **Controlling** registriert den herannahenden Abgabetermin und aktiviert nun einerseits das **Qualitätsmanagement** („Foto ist nicht gut!") und andererseits das **Risikomanagement** („Achtung: Wir schaffen das nicht rechtzeitig!") und verlangt – etwas spät – nach Planung.

Die fehlende Planung während der Projektvorbereitung holt Paul nun ein: Wie kommt er an die Zeugnisse, welcher Fotograf macht gute Fotos und vor allem in den nächsten drei Tagen? Was wird das alles kosten? Kann man die Zeugnisse vielleicht nachreichen? Und doch das alte Bild nehmen? Ein hektisches Hin und Her zwischen erneuter Zielanpassung, Materialsammlung, -aufbereitung und weiteren Textentwürfen beginnt – und die Zeit bis zum Abgabetermin rennt …

Abb. 2 zeigt im Überblick den Zusammenhang zwischen den Phasen des Projektmanagements und den Phasen des Schreibprojektes.

Bei umfangreichen Schreibprojekten durchlaufen Sie die Phasen des Schreibprojektes normalerweise mehrmals, meist jedoch unbewusst und in Personalunion. Auch werden die Phasen selten nacheinander oder in nur einer Richtung durchlaufen. Die Dauer, die Sie in einer Phase verweilen, variiert ebenfalls.

Projektmanagementphasen		**Schreibprojektphasen**
• Projektstart • Zielpräzisierung • Planung	C O N T	• Projektvorbereitung
• Umsetzung	R O L L	• Materialsammlung • Materialaufbereitung • Textentwurf

• Abschluss	I
	N
	G
		• Textoptimierung
		• Außerdem:
		  • Abschließende Arbeiten
		  • Präsentation

Abb. 2: Zusammenhang zwischen Schreibprojekt- und Projektmanagementphasen

Es gibt nicht den *einen* Königsweg durch Ihr konkretes Schreibprojekt, sondern der Weg wird von verschiedenen Einflussgrößen bestimmt, beispielsweise:

- **Textsorte und -länge:** Eine Bachelorarbeit stellt andere Anforderungen an den Schreibprozess als eine SMS an Ihre beste Freundin. Die SMS tippen Sie, ohne lange zu überlegen. Sie schreiben also ohne Umwege direkt einen Textentwurf. Vielleicht korrigieren Sie Ihre SMS noch einmal, wahrscheinlich schicken Sie sie jedoch gleich ab. Eine Bachelorarbeit erfordert dagegen umfangreichere Arbeiten, schon weil sie länger ist.
- **Ressourcen:** Zu den Ressourcen zählen Ihr Fach- und Methodenwissen, Ihre technische Ausstattung und Ihre eigene Arbeitskraft. Wenn Sie beispielsweise in einem Team schreiben, können Sie zwar arbeitsteilig arbeiten, wodurch sich die Phasen Materialsammlung und -aufbereitung verkürzen, aber Sie müssen zu Beginn auch mehr koordinieren, wodurch die Phase Projektvorbereitung möglicherweise ausgedehnter ist.
- die Art der **Themenstellung:** Haben Sie Ihr Thema selbst gewählt oder von einem Professor oder einer Professorin eine Aufgabenstellung erhalten? Wenn Sie sich Ihr Thema selbst erarbeiten, investieren Sie meist zu Beginn Ihres Schreibprojektes mehr Zeit in die Materialsammlung, bis Sie aus dem allgemeinen Thema eine präzise Zielsetzung entwickelt haben.

Ihr Schreibprojekt ist also nicht nur aufgrund der Zielsetzung einmalig, sondern auch aufgrund Ihrer individuellen Vorgehensweise, die durch eine Vielzahl von Faktoren beeinflusst werden kann.

2.2 Wege zum effizienten Schreibprojekt

In Ihrem Schreibprojekt steht nur in zwei Phasen das „eigentliche“ Schreiben des Textes im Vordergrund: in den Phasen „Textentwurf“ und „Textoptimierung“.

Die anderen Phasen beinhalten Vorarbeiten, mit denen Sie das Schreiben des Textentwurfes erheblich entlasten können. Behalten Sie in diesen Phasen immer im Blick, dass am Ende Ihres Projektes auch die Abschlussarbeit entstehen soll. Diese Arbeit schreibt sich nicht in zwei Tagen, aber Sie können sie von langer Hand vorbereiten.

Nutzen Sie Leerlaufzeiten! Überlegen Sie: Wo können Sie Aktivitäten in diesen Phasen zeitlich parallel durchführen? In fast jedem Projekt entstehen zwischendurch Leerlaufzeiten, beispielsweise wenn Sie darauf warten, dass Ihre Abwasserproben im Labor die gewünschten Reaktionen zeigen. Nutzen Sie diese Leerlaufzeiten, um bereits die Versuchsdurchführung zu beschreiben oder eine erste Gliederung zu erarbeiten.

Die Philosophie dahinter ist: Selbst wenn Sie jeden Tag nur eine halbe Seite schreiben, haben Sie nach hundert Tagen fünfzig Seiten! Sehr viel länger sind viele Bachelorarbeiten nicht. Eine halbe Seite schaffen Sie locker, wahrscheinlich sogar eine ganze!

Schreiben Sie fortlaufend Textbausteine! Jeder Fachtext besteht aus Textbausteinen, beispielsweise einzelnen Sätzen, Abbildungen und Grafiken, Abschnitten und Unterabschnitten. Eine ingenieurwissenschaftliche Abschlussarbeit z. B. besteht aus verschiedenen formalen Textteilen, den so genannten Verzeichnissen, die vor bzw. nach dem eigentlichen Inhaltsteil erscheinen. Der so genannte Inhaltsteil lässt sich wiederum grob in die Einleitung, einen Mittelteil und den Schluss einteilen. Die Einleitung wiederum besteht aus der Beschreibung der Problemstellung, der Zielsetzung und der Methodik, mit der sie das Ziel erreichen wollen und das Problem lösen (s. Abb. 3).

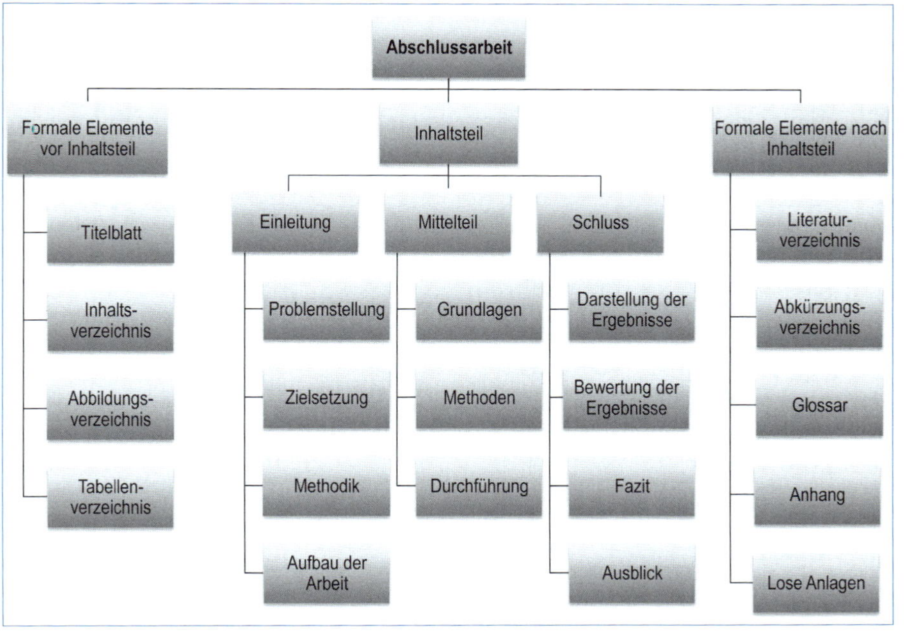

Abb. 3: Texte bestehen aus Teiltexten – Beispiel Abschlussarbeiten

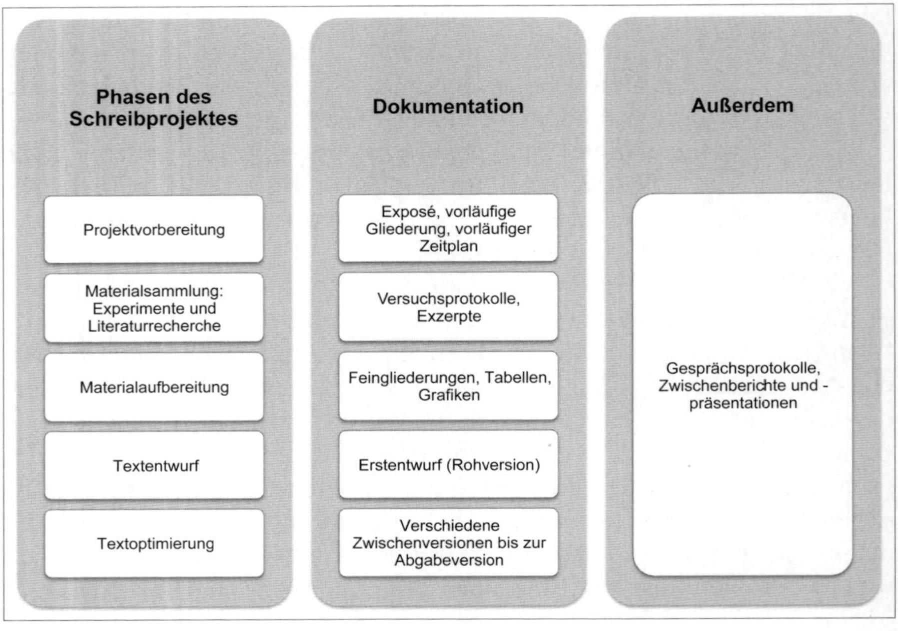

Abb. 4: Die Dokumentation im Schreibprojekt „Abschlussarbeit“

In jedem Projekt fallen außerdem „unsichtbare“ Schreibarbeiten an, die Zeit und Mühe kosten, aber für den erfolgreichen Projektverlauf unerlässlich sind. Diese Arbeiten werden unter dem Begriff „Dokumentation“ zusammengefasst. Die Dokumentation besteht aus Texten, die oft nicht unmittelbar in Ihre Abschlussarbeit einfließen, die aber für die Planung und das Controlling Ihres Schreibprojektes wichtig sind (s. Abb. 4). Sie schreiben also nichts umsonst!

3 Die Projektvorbereitung

Die offizielle Bearbeitungszeit Ihres Schreibprojektes beginnt, wenn Sie Ihre Abschlussarbeit beim Prüfungsamt anmelden. Bis dahin müssen Sie jedoch schon sehr viel mehr geleistet haben, als es die offizielle Bearbeitungszeit suggeriert. Es ist eine Reihe von Vorarbeiten notwendig, bis das Thema „anmeldefertig" ist.

Die Vorbereitung Ihres Schreibprojektes umfasst die Projektmanagementphasen Projektstart, Zielpräzisierung und Projektplanung. Zur Dokumentation in der Vorbereitungsphase Ihres Schreibprojektes gehören die Zielformulierung, das Exposé, eine erste, vorläufige Gliederung und ein Zeitplan, beispielsweise in Form eines Meilensteinplanes. Diese Textsorten bilden die Grundlage für das weitere Controlling in Ihrem Schreibprojekt: Sie definieren den Soll-Zustand, mit dem Sie im weiteren Projektverlauf Ihre jeweils erreichten Ergebnisse (also den jeweiligen Ist-Zustand) regelmäßig vergleichen können.

3.1 Projektstart

Zu Beginn eines Projektes entwickeln Sie zunächst eine Projektidee, stellen ein Team zusammen, wenn Sie Ihr Schreibprojekt nicht allein bearbeiten wollen, und suchen außerdem einen Betreuer oder eine Betreuerin.

3.1.1 Projektidee: Wo sind die Themen?

Die Wahl Ihres Themas ist für Ihr Schreibprojekt von großer Bedeutung, denn mit diesem Thema müssen Sie sich nun einige Monate oder im Fall einer Doktorarbeit sogar Jahre beschäftigen.

Überlegen Sie, was Sie motiviert, denn die Motivation für Ihre **Themenwahl** kann Ihnen auch über „schwere Zeiten" hinweg helfen. Ist Ihre Motivation eher interessegeleitet, pragmatisch oder strategisch?

Was motiviert Sie?

Leitfragen zur interessegeleiteten Themenwahl:
- Möchten Sie ein Thema bearbeiten, das Sie schon seit langem interessiert?
- Betrifft Sie das Thema aus persönlichen Gründen sehr?
- Glauben Sie, dass Sie mit dem Thema in der Welt „etwas bewirken" können?

Leitfragen zur pragmatischen Themenwahl:
- Möchten Sie eine Abschlussarbeit bei einem Betreuer schreiben, der für seine sehr guten Bewertungen bekannt ist?
- Haben Sie in einem Institut Ihres Faches gerade einen Job bekommen und können die Abschlussarbeit sozusagen nebenbei erledigen?
- Möchten Sie ein Thema bearbeiten, weil Sie sich in dem Gebiet schon gut auskennen und sich nicht einarbeiten müssen?

Leitfragen zur strategischen Themenwahl:
- Möchten Sie ein Thema bearbeiten, das Ihnen langfristig relevant erscheint und weil Sie sich gute Chancen auf dem Arbeitsmarkt ausrechnen, wenn Sie eine Abschlussarbeit dazu schreiben?
- Möchten Sie mit dieser Abschlussarbeit einen „Fuß in die Tür" einer Firma bekommen, in der Sie vielleicht nach dem Studium arbeiten können?

Wahrscheinlich mischen sich Ihre Motivationen: Einerseits wollen Sie etwas machen, das Sie interessiert, andererseits schadet es auch nicht, wenn Sie mit diesem Thema auf dem Arbeitsmarkt gute Chancen haben.

Tipp

Rufen Sie sich Ihre anfängliche Motivation immer dann ins Gedächtnis, wenn Sie die Lust an Ihrem Schreibprojekt einmal verlieren sollten.

Für Dauer und Verlauf Ihres Schreibprojektes kann die Art der **Themenvergabe** bedeutsam werden. Es gibt in den verschiedenen Ingenieurdisziplinen, Fachgebieten sowie Studien- und Prüfungsordnungen drei grundsätzliche Möglichkeiten, wie Sie zu Ihrem Thema kommen:

1. Sie entwickeln Ihr Thema selbst.
   Vorteil: Sie haben vermutlich ein großes Interesse an dem Thema. Das ist gut für Ihre Motivation.
   Nachteil: Die Projektvorbereitungsphase verlängert sich. Sie müssen zunächst eigenständig Informationen finden, um die Relevanz und die wesentlichen Problemstellungen des Themas zu identifizieren. Außerdem brauchen Sie einen Betreuer, der Ihr Thema betreuen möchte und fachlich kompetent ist. Weiterhin ist diese Möglichkeit bereits mit intensiven Recherchen verbunden; Sie wechseln also häufig zwischen den Phasen Projektvorbereitung und Materialsammlung hin und her.
2. Das Thema ist als Aufgabenstellung vorgegeben, entweder durch das Fachgebiet oder durch eine Firma.
   Vorteil: Ihr Betreuer kann Sie bei der Einarbeitung unterstützen, indem er Ihnen beispielsweise Literatur nennt und Daten zur Verfügung stellt.
   Nachteil: Sie müssen sich unter Umständen in ein Themengebiet einarbeiten, das für Ihren Betreuer oder Ihre Betreuerin vollkommen klar ist. Sie aber müssen sich das Hintergrundwissen erst erarbeiten. Eine vermeintlich klare Aufgabenstellung ist vor allem der Person klar, die die Aufgabe gestellt hat. Sie hingegen müssen die Aufgabe erst noch für sich klären.
3. Sie entwickeln das Thema im wechselseitigen Austausch mit Ihrem Betreuer.
   Das ist der Idealfall: Sie arbeiten von Anfang an mit Ihrem Betreuer oder Ihrer Betreuerin eng zusammen und entwickeln das Thema gemeinsam. Der erhöhte Gesprächsbedarf zu Beginn Ihres Schreibprojektes zahlt sich aus, denn so lernen Sie einander schon einmal besser kennen und können sicher sein, dass Sie beide vom Gleichen sprechen.

Tipp

>> Vermeiden Sie Themen, die für Sie undurchsichtige „Nebenzwecke" erfüllen (z. B. Zuarbeit für BetreuerInnen, die gerade selbst zu Ihrem Thema eine Dissertation schreiben) und dazu führen können, dass Sie z. B. Experimente so oft wiederholen müssen, bis Ihr Betreuer verwertbare Ergebnisse erhält.

Schließlich ist noch die Frage wichtig, wo und wie Sie ein Thema finden. Werden Sie in jedem Fall aktiv: Das Thema findet nicht Sie, sondern Sie finden das Thema.

Themen finden Sie überall!

- Achten Sie auf die Aushänge an den Schwarzen Brettern der Fachgebiete und Institute Ihrer Universität. Besuchen Sie auch die Internetseiten der Fachgebiete. Dort finden Sie oft Listen von Abschlussarbeiten, die bereits durchgeführt wurden und erhalten so Anregungen für eigene Themenstellungen. Auch werden über manche Internetseiten Abschlussarbeiten an Fachgebieten oder in Firmen ausgeschrieben.
- In Vorlesungen und anderen Lehrveranstaltungen geben die Vortragenden manchmal Tipps oder Anregungen für Abschlussarbeiten. Nutzen Sie dann die Gelegenheit und sprechen Sie den Professor oder die Professorin im Anschluss an die Veranstaltung an: „Das Thema heute war sehr interessant. Besteht die Möglichkeit, dazu eine Abschlussarbeit zu schreiben?"
- Knüpfen Sie Kontakt zu Professoren und Professorinnen, deren Kompetenz Sie schätzen. Besuchen Sie deren Sprechstunde oder Vortragreihen und fragen Sie sie nach Literatur oder Forschungsvorhaben.
- Wenn Sie als Studentische Hilfskraft in einem Forschungsprojekt oder in einer Firma arbeiten, bekommen Sie Einblick in relevante Forschungsthemen und praxisrelevante Fragestellungen. Bitten Sie auch die wissenschaftlichen Mitarbeiter und Mitarbeiterinnen um Rat.

3.1.2 Teamarbeit: Zusammen schreibt man weniger allein!

Viele Prüfungsordnungen erlauben, dass Sie Ihre Abschlussarbeit als Partner- oder Gruppenarbeit schreiben. Im Berufsleben ist ein Projekt ohne Teamarbeit ohnehin kaum denkbar: Die Projektaufgabe wird definiert und in Teilaufgaben zerlegt und das Team wird entsprechend den Teilaufgaben zusammengestellt. Idealerweise bringt jedes Projektmitglied eine spezifische Fähigkeit mit, die dabei hilft, die jeweilige Teilaufgabe zu lösen.

Während in der beruflichen Projektpraxis Teams also nach Kompetenzen und Zuständigkeiten gebildet werden, ist die Ausgangslage in einem studentischen Team eher diffus. Sie haben Lust, mit befreundeten Kommilitonen „was zusammen zu machen" und suchen sich ein Thema, dass Sie gemeinsam interessiert. Sympathie und gemeinsame Interessen bilden das Fundament Ihrer Teamarbeit und weniger Ihre jeweilige Kompetenzen.

Neben dem „Spaßfaktor" hat Teamarbeit weitere Vorteile:

- Sie können arbeitsteilig arbeiten und sparen dadurch Zeit.
- Sie bearbeiten Ihr Schreibprojekt nicht isoliert, sondern pflegen außerdem soziale Kontakte.

Teamarbeit bringt aber auch Nachteile mit sich:
- Es sind mehr Besprechungen im Team notwendig, in denen gemeinsame Ziele, Vorgehensweisen, Aufgabenverteilungen etc. erarbeitet und geklärt werden müssen. Besprechungen kosten Zeit.
- Wenn die Fähigkeiten der einzelnen Gruppenmitglieder einander nicht ergänzen, entstehen Lücken, wo sich inhaltlich oder methodisch niemand richtig auskennt.
- Machtkämpfe zwischen Teammitgliedern ziehen Besprechungen unnötig in die Länge und sorgen für eine unangenehme Arbeitsatmosphäre.
- Leider gibt es auch immer wieder „TrittbrettfahrerInnen", die andere die Arbeit machen lassen und selbst nicht allzu viel zum Projekt beitragen.

Lassen Sie sich von diesen Nachteilen jedoch nicht von der Teamarbeit abhalten, sondern nutzen Sie sie als Training für Ihr späteres Berufsleben. Wenn Menschen längere Zeit miteinander arbeiten, kommt es in Stresszeiten unweigerlich zu Konflikten. Sie können sie nicht vermeiden, aber Sie können lernen, damit umzugehen. Arbeiten Sie auch an sich selbst, um ein guter Teamplayer zu werden.

Tipp

Nutzen Sie Angebote Ihrer Universität oder einer Volkshochschule, in denen Sie Ihr Kommunikationsverhalten reflektieren und verbessern lernen, z. B. nach dem Konzept der *Gewaltfreien Kommunikation* von Marshall Rosenberg.

Bevor Sie sich für eine Teamarbeit entscheiden, klären Sie, ob sich Thema, Aufgabenstellung und Methoden des Schreibprojektes als Teamarbeit eignen. Wenn Sie arbeitsteilig arbeiten wollen, brauchen Sie Themen und Aufgabenstellungen, die sich in verschiedene gleichberechtigte Teile zerlegen lassen.

Angenommen, Sie wollen drei verschiedene Handtrockensysteme nach ökologischen und ökonomischen Aspekten miteinander vergleichen. Variante A arbeitet mit Warmluft, Variante B mit Papiertüchern und Variante C mit auswechselbaren Stoffhandtuch-Rollen.

Übung

Überlegen Sie:
Was ist eine sinnvolle Teamgröße für dieses Schreibprojekt?
Wie können Sie abhängig von der Gruppengröße die Gesamtaufgaben in sinnvolle Teilaufgaben zerlegen?

Lösungsvorschlag

Sinnvollerweise umfasst Ihr Team bei dieser Aufgabenstellung 2 (+1) oder 3 (+1) Mitglieder.
Fall 1: Das Team umfasst 2 Teammitglieder. Mitglied 1 bearbeitet für alle drei Handtrockensysteme die ökonomischen Aspekte, Mitglied 2 dagegen die ökologischen Aspekte.
Fall 2: Das Team umfasst 3 Mitglieder. Mitglied 1 bearbeitet die ökologischen und ökonomischen Aspekte für Handtrockensystem A, Mitglied 2 für B, Mitglied 3 für C.
In beiden Fällen kann ein weiteres (+1) Teammitglied alle Teilergebnisse zu einem Gesamtergebnis zusammenführen. Gibt es kein zusätzliches Teammitglied, erarbeiten alle Teammitglieder das Gesamtergebnis gemeinsam.

Legen sie in gemeinsamen Besprechungen zu Beginn des Schreibprojektes eine möglichst genaue Arbeitsteilung fest, denn nur, wenn jeder seinen Part kennt, kann die Kooperation funktionieren.

Klären Sie dazu die gemeinsame Zielsetzung und zerlegen Sie diese Zielsetzung in Teilziele und möglichst gleichberechtigte Teilaufgaben. Überlegen Sie dann, wer welche Aufgabe übernimmt und welche Aufgaben Sie gemeinsam erledigen.

Tipp

Viele Betreuer verlangen, dass in Ihrer Abschlussarbeit namentlich erkennbar ist, wer welche Teilaufgabe bearbeitet hat. Erarbeiten Sie daher die Teilaufgaben und die Arbeitsteilung in Absprache mit Ihrem Betreuer.

Wichtig: Im Team dürfen Sie nichts im „Alleingang" verändern, sondern müssen alle „Kursänderungen" besprechen. Sie können zeitraubende und nervenaufreibende Diskussionen vermeiden, wenn Sie bereits in der Projektvorbereitungsphase einige für alle Teammitglieder verbindliche Absprachen treffen.

Verbindliche Absprachen für die Teamarbeit:

- Formulieren Sie schriftlich die inhaltliche Zielsetzung als Dach für die gesamte Arbeit.
- Schreiben Sie gemeinsam ein Exposé als Basis für Ihr Schreibprojekt.
- Erarbeiten sie eine erste, vorläufige Gliederung als Wegweiser für das weitere Vorgehen.
- Legen Sie in einem Zeitplan fest, wer was bis wann erledigt, wie oft und wann Sie sich als Gruppe und mit Ihrem Betreuer treffen. Notieren Sie auch Abwesenheitszeiten, z. B. Urlaubszeiten. Überarbeiten Sie den Zeitplan regelmäßig.
- Arbeiten Sie von Anfang an mit einem einheitlichen Layout und nutzen Sie ein gemeinsames Style Sheet (s. Abschn. 3.4).
- Einigen Sie sich bereits zu Beginn auf eine gemeinsame Zitierweise. Das erspart Ihnen am Ende aufwändige Nacharbeiten.

3.1.3 Die Auftraggeber: Wer betreut das Schreibprojekt?

Jedes Projekt hat Auftraggeber. Auftraggeber Ihres Schreibprojektes „Abschlussarbeit" ist der Betreuer an Ihrer Universität. Hinzu kommen weitere Personen, z. B. ProfessorInnen, die die Betreuungsarbeit an den Assistenten oder die Assistentin delegiert haben, dann aber die endgültige Note vergeben. Oder Sie schreiben in einer Firma eine Praxis- oder Firmenarbeit im Rahmen eines Praktikums oder eines Werkvertrages. Dann haben Sie einen universitätsinternen Betreuer und in der Firma einen weiteren, externen Betreuer oder Ansprechpartner.

In einer Firma schreiben

Die Vorteile von Praxisarbeiten:

- Sie sammeln Praxiserfahrungen „vor Ort" und Ihre Arbeit hat einen hohen und für Sie erkennbaren Praxisbezug.
- Sie bauen Beziehungen zu einem Unternehmen auf und bekommen auf diese Weise einen „Fuß in die Tür" des Unternehmens.
- Sie finden fachlich interessierte Betreuer in der Firma, die an den Ergebnissen Ihrer Arbeit wirklich interessiert sind und Sie profitieren

von deren Praxiswissen. Weiterhin bekommen Sie einfacher Zugang zu Daten und Informationen.
- Viele Firmenarbeiten werden bezahlt.

Nachteile ergeben sich vor allem daraus, dass Sie bei Firmenarbeiten einiges koordinieren müssen, beispielweise
- mögliche verschiedene inhaltliche Interessen der universitären Betreuer und der Firma,
- verschiedene Zeitpläne Ihrer universitären und externen BetreuerInnen,
- rechtliche Fragen, z. B. eine Verpflichtung zur Geheimhaltung.

Daher brauchen Sie oft die Unterstützung durch die BetreuerInnen in der Universität und der Firma, damit Sie sich nicht „verzetteln".

Denn wenn es nicht gut läuft, ist das Frustrationspotenzial hoch: Niemand ist verlässlicher und verantwortlicher Ansprechpartner, oder der eine sagt „Hüh" und die andere sagt „Hott". Die Zuständigkeiten sind unklar. Oder die Betreuerin in der Firma findet die Arbeit „eigentlich ganz gut", sie entspricht jedoch nicht den Anforderungen an eine wissenschaftliche Arbeit, die der Betreuer in der Universität hat.

Wichtig: Der Auftraggeber der Firma vergibt nicht die Note für Ihre Abschlussarbeit! Klären Sie daher die Anforderungen aller Beteiligten an Sie und an Ihre Abschlussarbeit von vornherein. Im ungünstigsten Fall müssen Sie zwei Arbeiten schreiben, die eine für die Firma, die andere für die Universität.

Gelingen und Verlauf Ihres Schreibprojektes hängen also auch von der Wahl Ihrer BetreuerInnen ab. Nutzen Sie die Projektvorbereitungsphase, um ProfessorInnen und wissenschaftliche MitarbeiterInnen kennenzulernen, bevor Sie sich für einen Betreuer oder eine Betreuerin entscheiden.

Sprechstundengespräche sind eine gute Gelegenheit, einander kennenzulernen und über mögliche Themen für Ihre Abschlussarbeit zu sprechen.

Tipp

ProfessorInnen sind oft schwer zu erreichen oder zeitlich sehr eingespannt. Versuchen Sie alternativ, einen Termin bei einem der wissenschaftlichen MitarbeiterInnen zu bekommen. Oft geht das schneller.

Idealerweise sollten in diesen Sprechstundengesprächen *Ihre* Interessen und Vorkenntnisse gemeinsam ermittelt werden. Bereiten Sie dafür das erste Gespräch sorgfältig vor: Recherchieren Sie, welche fachlichen Schwerpunkte der Betreuer hat und welche aktuellen Forschungsarbeiten und -projekte es an dem Institut zurzeit gibt.

Schreiben Sie ggf. offen in einer Email der Professorin oder dem Professor, dass Sie noch keine genauen Vorstellungen haben, sondern zunächst auf der Grundlage von möglichen Interessenschwerpunkten eine entsprechende Aufgabenstellung entwickeln möchten und dabei Unterstützung brauchen.

Besser ist: Sie bringen schon eigene Vorschläge oder Fragestellungen mit. Diese können Sie dann gemeinsam auf die Machbarkeit, mögliche Implikationen oder Variationen hin diskutieren, um so Schritt für Schritt zu einer sinnvollen Eingrenzung und präzisen Zielformulierung zu kommen.

Fragen, die Sie dann im Gespräch behandeln sollten, sind:

- Welche Aspekte des Themas sind interessant, relevant und neu?
- Wie können Sie Ihr Thema eingrenzen? (z. B. zeitlich, räumlich etc.)
- Mit welcher Methode kann das Thema bzw. die Fragestellung bearbeitet werden?
- Welche Kenntnisse brauchen Sie, um mit dieser Methode zu arbeiten?
- Sind alle nötigen Ressourcen zugänglich (Literatur, Daten, Messinstrumente, Laborplatz ...)?

Tipp

Notieren Sie vor jedem Gespräch die wichtigsten Punkte, die Sie klären wollen und achten Sie während des Gespräches darauf, dass Ihre Fragen tatsächlich geklärt werden.

Wenn das Thema oder die Aufgabenstellung durch das Fachgebiet bereits vorgegeben ist, gleicht das Erstgespräch einer Bewerbungssituation. Arbeiten Sie dann vor dem Gespräch für sich selbst heraus, was Sie an dem Thema interessiert und welches Vorwissen und welche Vorerfahrungen Sie mitbringen, die für die Bearbeitung des Themas nützlich sind: Bringen Sie ggf. auch Unterlagen wie beispielsweise Zeugnisse mit, mit denen Sie Ihre Kenntnisse belegen können.

Bereiten Sie das Erstgespräch gründlich vor!

Was haben Sie bezogen auf ein mögliches Thema schon gemacht?
- Eine erste Recherche? Dann nehmen Sie eine Literaturliste mit, die Sie im Gespräch diskutieren und ergänzen können.
- Ein Exposé und/oder eine vorläufige Gliederung? Dann schicken Sie beides vorab Ihrem potentiellen Betreuer und bringen Sie auch eine Papierversion mit zu dem Gespräch. So haben Sie eine gute Grundlage für weitere Diskussionen.
- Ein Referat und/oder eine Seminar-/Hausarbeit? Dann machen Sie eine Liste möglicher Fragestellungen, die sich aus dem Thema ergeben. Schicken Sie diese Liste Ihrem potentiellen Betreuer ebenfalls vorab oder bringen Sie sie ausgedruckt zum Erstgespräch mit.

Achten Sie darauf, dass Sie alle Treffen mit Ihrem Betreuer mit einem gemeinsam formulierten **Arbeitsauftrag** oder dem Wissen verlassen, welchen Schritt Sie als nächstes tun müssen. Mögliche Arbeitsaufträge können sein: Literatur zu sichten, um das Thema weiter einzugrenzen, ein Exposé zu schreiben oder eine erste Gliederung der Arbeit zu entwerfen usw.

Vereinbaren Sie am Ende des Gespräches einen Termin, bis zu dem Sie die Aufgabe erledigen und an dem Sie sich erneut treffen wollen.

Tipp

>> Viele BetreuerInnen haben nur wenig Zeit. Bereiten Sie daher *alle* Sprechstundengespräche sorgfältig vor: So halten Sie Ihren und den Zeitaufwand Ihres Betreuers gering und kommen am ehesten an Ihr Ziel!

Fragen Sie in dem ersten Sprechstundengespräch Ihren potentiellen Betreuer auch nach dessen **Betreuungsangeboten**. Mit diesen Angeboten zeigen Ihre zukünftigen BetreuerInnen, ob und wie sie Sie in Ihrem Schreibprojekt unterstützen und begleiten wollen.

Betreuungsangebote im Überblick

- Colloquien sind regelmäßige Treffen von Promovierenden, aber auch von Studierenden. In Colloquien stellen die TeilnehmerInnen den Stand ihrer laufenden Projekte vor und diskutieren ihn mit den anderen Teilnehmern und dem Betreuer.
- Rücksprachen sind individuelle Treffen mit Ihrem Betreuer, in denen Sie ihm den Stand Ihrer Arbeit vorstellen und konkrete Fragen klären können. Die Termine vereinbaren Sie individuell und nach Ihrem Bedarf. Oder Sie legen bereits zu Beginn der Zusammenarbeit regelmäßige Termine für Rücksprachen fest.
- Zwischenberichte über den Stand Ihrer Arbeit sind eine effektive Möglichkeit, Ihren Betreuer regelmäßig schriftlich über den Stand der Arbeit zu informieren. Zählen Sie jedoch nicht nur auf, was Sie bereits alles gemacht haben, sondern fügen Sie – als Anlage – bereits erste Textteile hinzu, beispielsweise die Darstellung der Grundlagen, die Datenauswertung, erste Grafiken etc.
- Die Textentwürfe zu lesen und Nachbesserungsvorschläge zu machen, ist ein besonderes Serviceangebot mancher Betreuer und Betreuerinnen. Nutzen Sie dieses Angebot unbedingt. Beachten Sie jedoch in Ihrer Zeitplanung: Ihr Betreuer braucht Zeit, Ihren Textentwurf zu lesen und Sie brauchen Zeit, die Verbesserungsvorschläge anschließend vor Ablauf der offiziellen Bearbeitungszeit einzuarbeiten.

3.1.4 Außerdem: Auf Englisch schreiben?

Viele Prüfungsordnungen erlauben, dass Sie Ihre Abschlussarbeit in englischer Sprache schreiben. Es gibt gute Gründe, die für eine englischsprachige Arbeit sprechen:

- Sie vertiefen so Ihre Englischkenntnisse aus der Schule. Englisch gilt gemeinhin in den Natur- und Ingenieurwissenschaften als *lingua franca,* also Verkehrssprache, die auf internationalen Fachtagungen und Konferenzen gesprochen wird. Auch die meisten *scientific journals* sind in englischer Sprache verfasst.
- Sie planen vielleicht einen Auslandsaufenthalt, beispielsweise um ein Praktikum durchzuführen, und wollen diesen thematisch – ähnlich wie bei einer Firmenarbeit – mit der Abschlussarbeit verbinden. Häufig

werden Sie dann vor Ort in englischer Sprache betreut und es bietet sich an, die Arbeit auch auf Englisch zu verfassen.
- Sie erhoffen sich von einer englischsprachigen Arbeit für zukünftige Bewerbungen einen „Visitenkarteneffekt", mit dem Sie neben guten Englischkenntnissen auch Internationalität signalisieren.

Der Nachteil ist, dass das Schreiben in der englischen Fachsprache mehr Zeit beanspruchen wird:
- Sie müssen viele fachliche Formulierungen nachschlagen oder Sätze komplett umformulieren, weil Sie nicht ohne Weiteres aus der Fachsprache Deutsch in das Englische übertragbar sind.
- Für viele deutsche Fachworte gibt es keine direkten englischen Übersetzungen; Wörterbücher helfen nur begrenzt: Viele Fachbegriffe sind nicht enthalten, Fachwörterbücher sind oft nicht auf dem neuesten Stand oder teuer.

Wägen Sie also Nutzen und Aufwand sorgfältig ab. Vielleicht schreiben Sie die Bachelorarbeit in deutscher Sprache und erst die Masterarbeit auf Englisch?

>> **Tipp**
>
> Viele universitäre Sprachzentren bieten Kurse für fachsprachliches Englisch unter Überschriften wie *Scientific English, English For Academic Purposes* oder *Technical English* an.

3.2 Die Zieldefinition

Zum erfolgreichen Projektstart gehört die Zieldefinition. Diese besteht aus der inhaltlichen Zielpräzisierung und der Zielformulierung sowie der Klärung der Bewertungskriterien und aller weiteren Anforderungen, die an Ihre Abschlussarbeit gestellt werden.

3.2.1 Zielpräzisierung: kein Thema ohne Grenzen!

Ihr Schreibprojekt beginnt mit einem Thema. Das kann zum Beispiel ein bestimmter Sachverhalt aus Ihrem Fachgebiet sein, der relevant und interessant ist und mit dem Sie sich in Ihrer Abschlussarbeit genauer auseinandersetzen wollen. Das Thema ist zunächst noch sehr allgemein und ungenau.

Aus diesem Thema entwickeln Sie nun eine hinreichend eng definierte Zielsetzung. Das ist wichtig, denn zu weite oder unkonkrete Zielsetzungen führen in Ihrem Schreibprojekt zu inhaltlichen und zeitlichen Problemen. Ihrem Projekt fehlt sozusagen die Richtung, in die es sich bewegen soll.

Die Zielpräzisierung ist meist ein iterativer Prozess, der Sie eine Weile begleitet. Ziele entwickeln und verändern sich. Diese Änderungen betreffen aber eher die Details des Ziels oder der Unterziele.

Um das Ziel Ihrer Arbeit zu entwickeln, brauchen Sie ein **Problem** aus Ihrem Themengebiet, das Sie mit Ihrer Arbeit lösen wollen.

Ein Problem unterscheidet sich von einer Aufgabe, wie Sie sie beispielsweise aus Ihren Mathematik-Vorlesungen kennen, darin, dass die Aufgabe klar umrissen und definiert ist. Im Prinzip wissen Sie sogar, wie Sie die Aufgabe lösen müssen. Meist gibt es ein klar definiertes Ergebnis. Ein Problem hingegen ist offen: Sie müssen das Problem und seine Bestandteile zunächst analysieren und können erst dann versuchen, Lösungswege zu finden. Oft gibt es verschiedene Lösungswege und damit verbunden auch verschiedene Lösungen. Oft können Sie lediglich Teil-Lösungen erarbeiten, die Schritt für Schritt zur Lösung eines übergeordneten Problems führen.

Wesentliches Kennzeichen aller ingenieurwissenschaftlichen Probleme ist die Relevanz: für die Gesellschaft insgesamt oder den Umweltschutz im Besonderen, in rechtlicher Hinsicht oder für das ökonomische Bestehen einer Firma. So wird beispielsweise eine Gesetzesnovelle zum Ausgangspunkt für die die folgende Situationsbeschreibung:

Holzkamine und -heizungen liegen in Privathaushalten im Trend. Bei der Verbrennung von Holz entsteht jedoch Feinstaub. Daher trat am 22. März 2010 die Novelle der Bundes-Emissionsschutzverordnung (1. BImSchV) für Kleinfeuerungsanlagen in Kraft. Ziel der 1. BImSchV ist die Reduktion von Feinstaubemissionen durch kleine und mittlere Gas-, Öl-, Kohle- und auch Holzheizungen. Für kleine Holzheizungsanlagen steigen daher die Umweltauflagen.

Übung

Überlegen Sie, welche grundsätzlichen ingenieurwissenschaftlichen Problem- oder Fragestellungen sich aus dieser kurzen Situationsbeschreibung ergeben.

Lösungsvorschlag

Folgende ingenieurwissenschaftlichen Problem- bzw. Fragestellungen sind denkbar:

1. *Wie kann der Brennstoff modifiziert werden?*
2. *Wie können bestehende Holzheizungsanlagen nachgerüstet werden, sodass sie die Umweltauflagen erfüllen?*
3. *Wie können neue Holzheizungsanlagen entwickelt werden, sodass sie die neuen Anforderungen an den Emissionsschutz erfüllen?*

Sie sehen an diesem Beispiel, wie verschiedene Anlässe (Gesetzesnovelle) und Phänomene (Trend zu Holzheizungen und damit verbunden erhöhte Feinstaubemissionen) zu einem ingenieurwissenschaftlichen Problem führen können, zu dessen Lösung Sie mit Ihrem Projekt beitragen wollen könnten.

Sie werden jedoch in Ihrer Abschlussarbeit sehr wahrscheinlich nicht das gesamte Problem bearbeiten können, sondern nur einen Teil des Problems. Denn Sie müssen die Zielsetzung Ihres Projektes in der gemäß Studienordnung vorgesehenen Zeit erreichen können. Ihr Schreibprojekt muss *machbar* sein.

Tipp

>> Laut vieler Prüfungsordnungen ist es die Aufgabe Ihres Betreuers, die Machbarkeit Ihres Schreibprojektes in der vorgesehenen Zeit zu überprüfen. Fragen Sie gegebenenfalls nach!

Grenzen Sie also die Problemstellung weiter ein:

Möglichkeiten, ein Problem einzugrenzen

- zeitlich:
  ...über einen Zeitraum von 12 Monaten
- geographisch:
  ...für die Metropolen Berlin und Shanghai im Vergleich
- nach Personen oder Personengruppen:
  ...das Reaktionsverhalten von Frauen im Alter von 18 bis 36
- nach Anwendungsbereichen:
  ...die Methode X für den Anwendungsbereich Y weiterzuentwickeln.

- nach Parametern, Kriterien, Merkmalen:
  ...Optimierung der Kosten der Anlage X durch Variation der Prozessparameter Druck, Temperatur und Durchflussgeschwindigkeit unter Beibehaltung bestehender Emissions- und Sicherheitsstandards
- anhand von Fallbeispielen:
  ...exemplarisch für die Firma MUSTERFIRMA
- nach Systemen und Teilsystemen:
  ...die Optimierung der Leit- und Laufradgeometrie (= Teilsystem) einer Radialpumpe (= Gesamtsystem)

Natürlich können Sie alle Möglichkeiten, Ihr Thema einzugrenzen, auch miteinander kombinieren. So wird Ihr Thema Schritt für Schritt spezifischer und konkreter.

Übung

In Abschnitt 3.1.2 haben Sie die Projektidee kennen gelernt, verschiedene Handtrockensysteme (z. B. Papiertücher, Stoffrollen und Warmlufttrockner) miteinander zu vergleichen. Machen Sie Vorschläge, wie Sie diese Idee weiter eingrenzen können!

Lösungsvorschlag

- *räumlich:*
  Sie vergleichen nur die Handtrockensysteme der Technischen Universität in MUSTERSTADT.
- *ökologisch:*
  Sie vergleichen den Ressourcen- oder Energieverbrauch der Handtrockensysteme, deren Beitrag zur globalen Erwärmung, das durch sie verursachte Abfallaufkommen usw.
- *ökonomisch:*
  Sie vergleichen die Anschaffungs- und Wartungskosten sowie die Kosten für Papier, Energie, Wasser.
- *zeitlich:*
  Sie betrachten nur die Kosten für ein Kalenderjahr oder Sie machen eine so genannte Lebenswegbetrachtung.
- *methodisch:*
  Sie schätzen die Umweltbelastungen mit Hilfe der Methode Life Cycle Assessment ab.

Möglicherweise stellen Sie jetzt fest: Um ein Thema eingrenzen zu können, brauchen Sie Informationen. Diese gewinnen Sie mit Hilfe einer ersten Materialsammlung.

Einstieg in die Materialsammlung

Was suchen Sie?

- → Allgemeine Hintergrundinformationen zu Ihrem Thema
- → Überblick über den Stand der Technik und der Forschung
- → Forschungsdefizite, offene Fragen, ungelöste Probleme
- → Lösungsansätze
- → Abgrenzungen zu verwandten Aufgabenstellungen
- → Experten, die zu dem Thema forschen
- → zentrale Fachbegriffe Ihres Themas (diese helfen Ihnen auch für die vertiefende Recherche)

Wo suchen Sie?

- → Internetseiten von Forschungsinstituten, Behörden, Universitäten
- → Fachlexika
- → Fachzeitschriften

Die Liste ist nicht vollständig, gibt Ihnen aber Anregungen, was und wo Sie suchen können. Fragen Sie auch Ihren Betreuer nach Einstiegsliteratur.

3.2.2 Zielformulierung

Die inhaltliche Zielpräzisierung ist die Basis für die nun folgende, hinreichend eng definierte Zielformulierung. Ihre Zieldefinition muss so formuliert sein, dass deutlich wird, was Sie genau vorhaben. Formulieren Sie Ihr Ziel SMART!

Das SMART-Prinzip

S spezifisch, d. h. ausreichend konkret
M messbar, d. h. das Schreibprojekt führt zu einem konkreten Ergebnis
A anspruchsvoll, d. h. Sie erarbeiten keine Trivialitäten; ihre Arbeit ist innovativ
R realistisch, d. h. Sie können das Projektziel innerhalb der Bearbeitungszeit erreichen
T terminiert (im Falle des Schreibprojektes durch den Abgabetermin)

Unkonkret gefasste, „schwammige" Zielformulierungen sind ein Zeichen dafür, dass das Thema der Arbeit entweder nicht ausreichend verstanden wurde oder noch zu weit gefasst ist.

Übung

Ist die folgende Zielsetzung SMART formuliert?

Ziel meiner Masterarbeit ist, die Einflussgrößen auf die Probeprüfungen X und Y zu analysieren und daraus neue Prüfungsmethoden zu entwickeln.

Lösung

Nein! Die Zielsetzung ist nur zum Teil SMART formuliert.
Die Zielsetzung ist zwar anspruchsvoll und durch den Bearbeitungszeitraum auch automatisch terminiert, aber sie ist

1. *vage formuliert („zu finden", „neue") und es fehlen Angaben, was genau geprüft werden soll. Die Zielsetzung ist also weder spezifisch noch messbar.*
2. *für eine Masterarbeit nicht realistisch, denn die Bearbeitungszeit wird nicht reichen, um mehrere Prüfmethoden zu entwickeln. Es reicht vermutlich vollkommen, eine Prüfmethode zu entwickeln.*

Außerdem mischen sich in diesem Beispiel das Ziel der Arbeit, das in der Formulierung „Prüfungsmethoden zu entwickeln" steckt, und das Vorgehen, mit dem das Ziel erreicht werden soll („Probeprüfungen zu analysieren").

Formulieren Sie in Ihrer Zielsetzung den erwünschten Endzustand und (noch) nicht, wie und mit welchen Methoden Sie diesen Zustand erreichen wollen. Nachfolgend finden Sie eine Auswahl von Zielformulierungen aus verschiedenen Dissertationen:

Zielformulierungen mit Beispielen

- Bestimmen/Modellieren der Wechselwirkungen zwischen...
  Ziel der Arbeit ist die Modellierung der Wechselwirkung zwischen dem Partikeltransport einer Gas-Feststoff-Strömung und dem Einfluss eines elektrostatischen Feldes.
- Entwicklung von/eines...
  Ziel der Arbeit ist die Entwicklung eines neuartigen Algorithmus zum Proteindesign basierend auf kurzen Peptidfragmenten.
- Bewertung von... hinsichtlich der Aspekte...
  Ziel der Arbeit ist, organisatorische und verfahrenstechnische Möglichkeiten zur Reduzierung von Kunststoffen im Hinblick auf ihre praxistaugliche, ökonomische und ökologische Sinnfälligkeit zu bewerten.
- Analyse der...
  Ziel der Arbeit ist die Analyse der Mechanismen, die einer Herzregeneration nach mechanischer Schädigung des Ventrikels des adulten Molches Notophthalmus viridescens zu Grunde liegen.
- Identifizieren von Optimierungspotenzialen/Schnittstellen zwischen/Anforderungen an...
  Ziel der Arbeit ist die Identifizierung wichtiger Prozessparameter für eine optimale Kultivierung von Leishmania tarentolae.

Substantive, die auf -ung enden, eignen sich neben aussagekräftigen Verben für Zielformulierungen, denn Sie signalisieren einen erreichten Zustand bzw. das Ergebnis eines vorausgegangenen Vorgangs.

Weitere Formulierungen, um Zieldefinitionen zu konkretisieren

Ziel der Arbeit ist
- einen Überblick zu geben über...
- die Gegenüberstellung/der Vergleich von Objekten, Sachverhalten... hinsichtlich der Aspekte...
- eine Systematik zu erarbeiten für...
- Handlungsempfehlungen zu geben...
- die Optimierung von...
- die Entwicklung eines Konzeptes für/einer Theorie zu...

3.2.3 Das Exposé

Möglicherweise verlangt Ihr Betreuer oder Ihre Betreuerin zu Beginn der Betreuung ein so genanntes Exposé (auch: Exposee, *proposal*) von Ihnen. Ihr Betreuer kann so die Machbarkeit und die inhaltliche Relevanz Ihres geplanten Schreibprojektes besser einschätzen.

> **Tipp**
>
> Auch für Sie selbst ist ein Exposé nützlich: Sie klären darin für sich selbst Ihre Projektidee!

Ein Exposé ist

- eine kurze, prägnante Darstellung, Beschreibung, Begründung eines geplanten (wissenschaftlichen) Projektes,
- wichtiger Teil der Projektplanung und der Dokumentation – als Basis für die weitere wissenschaftliche Arbeit und als Maßstab für ihren Fortschritt.

Fassen Sie sich in dem Exposé kurz! Es gibt zwar keine festen Seitenangaben für Exposés, aber viele Betreuende stehen unter hohem Zeitdruck. Sie wollen schnell und auf den ersten Blick erkennen, worum es geht.

Wie lang Ihr Exposé wird, hängt auch von Ihrem Schreibprojekt ab. Wenn Sie unsicher sind, fragen Sie Ihren Betreuer. Exposés für studentische Arbeiten sind im Allgemeinen ein bis drei Seiten lang.

Das Exposé besitzt nur vorläufigen Charakter, und es ist normal, dass die fertige schriftliche Arbeit unter Umständen von der im Exposé dargestellten Absicht abweicht.

> **Tipp**
>
> Schreiben Sie das Exposé sinnvollerweise nach einer ersten groben Materialsammlung.

Betrachten Sie das Exposé nicht als lästige, zusätzliche Arbeit – Teile aus dem Exposé können (eventuell umformuliert) später für die Einleitung der Abschlussarbeit verwendet werden.

Die Bausteine Ihres Exposés hängen ab vom Thema, der Projektart und dem Projektumfang sowie der Wissenschaftsdisziplin und der Funktion des Exposés.

Bausteine Ihres Exposés

Sie brauchen in jedem Fall Informationen – am besten in der genannten Reihenfolge – zu:

- Thema, Forschungszusammenhang
- (Forschungs-)Defizite, zu lösendes Problem, Themeneingrenzung, Fragestellung
- Ziel der Arbeit
- Maßnahmen, Vorgehen, Methodik

Außerdem können auch Angaben zu den folgenden Punkten gefordert werden oder notwendig sein:

- Vorarbeiten
- Quellen und Datenlage
- Umfang der Material- oder Literaturrecherchen
- Vorläufige Gliederung
- Vorläufiges Literaturverzeichnis
- Skizzen und Entwürfe
- Zeitplan
- benötigte Ausstattung und Mittel

Leitfragen können Ihnen dabei helfen, Ihr erstes Exposé zu verfassen.

Exposé schreiben leicht gemacht mit Hilfe von Leitfragen

Worum geht es?

- Was ist das allgemeine Thema?
- Was ist der äußere Anlass oder Ansatzpunkt der Arbeit?
- In welchem thematischen Zusammenhang steht die Arbeit?
- Auch: Welche Arbeiten zum Stand der Technik oder der Forschung liegen bisher vor?

Warum ist die Arbeit wichtig?

- Was ist das konkrete Problem, das Sie lösen wollen?
- Welches theoretische, praktische, empirische Problem ist der Ausgangspunkt der Arbeit?

- Gibt es ein Forschungsdefizit, das Sie ausgleichen wollen?
- Wie lautet die Forschungsfrage, auf die Sie eine Antwort liefern wollen?

Was wollen Sie erreichen?

- Was ist die Zielsetzung der Arbeit?
- Welches inhaltliche Ziel wollen Sie mit Ihrer Arbeit erreichen?

Wie wollen Sie das Ziel erreichen?

- Welche Arbeitsschritte und welche Vorgehensweisen sollen zu dem Ziel führen?
- Mit welcher Methode wollen Sie das Ziel erreichen?

Wichtig: Die Leitfragen dienen als Hilfestellung. Sie müssen Sie nicht alle beantworten!

Übung

Versuchen Sie mit Hilfe der Leitfragen ein mögliches Exposé zu dem Thema Handtrockensysteme (s. Abschn. 3.1.2 und 3.2.1) zu formulieren. Nur Mut: Es ist ein Versuch! Sie können für diese Übung etwas improvisieren.

Lösungsvorschlag

Problemstellung

An der Technischen Universität Musterstadt wurden 2009 in allen Sanitärräumen die Handtrockensysteme von Papiertüchern auf auswechselbare Stoffhandtuchrollen umgestellt. Ein möglicher Grund für diese Umstellung besteht darin, dass durch das neue Handtrockensystem das Abfallaufkommen reduziert werden sollte: Papier ist ein Wegwerfartikel, während Stoffhandtücher gereinigt und wieder verwendet werden können.

Es stellt sich jedoch die Frage, ob durch diese Umstellung nicht Umweltbelastungen aus dem Abfallbereich beispielsweise in den Abwasserbereich verlagert werden, da für die Reinigung der Stofftücher Wasser und entsprechende Waschmittel eingesetzt werden.

Ziel

Ziel der Arbeit ist die übersichtliche Gegenüberstellung der Umweltbelastungen der beiden genannten Handtrockensysteme.

Vorgehen, Methode

Dazu wird eine Ökobilanz der Handtrockensysteme durchgeführt. Die Ökobilanz ist eine Methode zur systematischen Analyse der Umweltbelastungen entlang der Lebenswege von Produkten. Übereinstimmend mit dem in der Norm DIN EN ISO 14044 beschriebenen Vorgehen werden die Lebenswege beider Systeme von der Herstellung bis zur Entsorgung modelliert: Die Ressourcenverbräuche und Emissionen entlang beider Lebenswege werden ermittelt und anschließend verschiedenen Wirkungskategorien zugeordnet, die bestimmte Umweltproblemfelder wie Klimaerwärmung oder Eutrophierung repräsentieren. Abschließend werden die Beiträge beider Systeme zu diesen Wirkungskategorien einer gegenüberstellenden Bewertung unterzogen.

Literatur

DIN EN ISO 14044:2006-10 (D): Umweltmanagement – Ökobilanz – Anforderungen und Anleitungen (ISO 14044:2006). Deutsche und englische Fassung EN ISO 14044:2006. Berlin: Beuth, 2006

3.2.4 Erste Gliederung

Viele Betreuer und Betreuerinnen erwarten von Ihnen, dass Sie gemeinsam mit dem Exposé eine erste vorläufige Gliederung vorlegen. Das ist eine gute Idee, denn eine erste Gliederung hilft Ihnen, Ihre Arbeit von Anfang an in die richtige Bahn zu lenken.

Vielleicht bekommen Sie zunächst einen Schreck: Sie wissen doch noch gar nicht genug über Ihr Thema, um bereits eine Gliederung schreiben zu können. Oder Sie befürchten, diese Gliederung dürfe nicht mehr verändert werden und müsse daher von Anfang an perfekt sein.

Sie können sich entspannen: Die erste Gliederung

- ändert sich im Verlauf des Schreibprojektes und das ist ganz normal,
- ist noch sehr grob und wird erst mit fortschreitendem Informationsstand differenzierter.

Mit Hilfe der folgenden Imaginationsübung sowie den „Standardgliederungen“, die Sie in Abschnitt 5.1.1 kennenlernen werden, fallen Ihnen Gliederungen mit der Zeit immer leichter.

Übung

Stellen Sie sich vor, Sie wollen zu dem in Abschnitt 3.2.3 vorgestellten Exposé eine Abschlussarbeit verfassen. In der Bibliothek finden Sie eine Studie, die sich mit einem ähnlichen Thema beschäftigt hat.
Überlegen Sie: Was erwarten Sie von dem Inhalt dieser Studie? Welche Abschnitte sollte die Studie enthalten? Erinnern Sie sich auch an andere Fachbücher, die Sie bereits gelesen haben: Wie waren die aufgebaut? Machen Sie dann eine Liste Ihrer Wunschkapitel.

Lösungsvorschlag

Die Studie könnte u.a. folgende Abschnitte enthalten:

1. *Einleitung mit Problem und Zielsetzung der Arbeit*
2. *Das Unternehmen XX und seine Umweltschutzmaßnahmen*
3. *Der Untersuchungsgegenstand: Handtrockensysteme – Arten und Funktionsprinzip*
4. *Die Untersuchungsmethode: Die Methode Ökobilanz*
   - 4.1 *Begründung der Auswahl der Methode*
   - 4.2 *Schritte der Ökobilanz: Überblick*
5. *Die Lebenswege der Handtrockensysteme X und Y*
   - 5.1 *System X (Warmluft)*
     Herstellung
     Nutzung
     Entsorgung
   - 5.2 *System Y (Papiertücher)*
     Herstellung
     Nutzung
     Entsorgung
6. *Ergebnisse*
   - 6.1 *Gegenüberstellung der Systeme und ihrer Umweltbelastungen*
   - 6.2 *Diskussion der Ergebnisse*
7. *Fazit und Empfehlung für das Unternehmen*
8. *Literatur*

Wichtig: Diese Gliederung ist natürlich nicht vollständig. Es ist eben eine vorläufige Gliederung!

Trainieren Sie mit Hilfe dieser Imaginationsübung, Gliederungen zu beliebigen Themen sozusagen „aus dem Ärmel zu schütteln". Sie werden sehen, dass Sie mit der Zeit Übung bekommen. Nutzen Sie für diese Übung auch Ihren gesunden Menschenverstand.

Tipp

>> Lernen Sie von anderen: Achten Sie beim Lesen von Fachtexten bewusst darauf, wie diese gegliedert sind.

3.2.5 Die Auftragsdaten: Bewertungskriterien

In der Projektvorbereitungsphase klären Sie auch alle weiteren „Auftragsdaten", beispielsweise die Anforderungen an die äußere Form oder den geforderten Umfang der Abschlussarbeit. Zu den Auftragsdaten gehören auch die Bewertungskriterien, denn Sie wollen sicherlich eine gute Note für Ihre Arbeit erhalten.
Häufige **Bewertungskriterien** sind neben dem Inhalt:

1. die Gliederung der Arbeit
2. die Quellenarbeit
3. das Layout und die äußere Form
4. Sprache und Stil

Wenn Sie unsicher sind, was diese Kriterien bedeuten und wie Sie sie im Text umsetzen sollen, finden Sie in diesem Buch neben Anregungen und Tipps auch „Checklisten" mit Fragen zur Selbsteinschätzung der Qualität Ihrer Arbeit, die Ihnen dabei helfen sollen, die Bewertungskriterien für sich mit Sinn zu füllen.

Fragen Sie auch Ihre potentiellen BetreuerInnen nach deren Kriterien und Anforderungen. An vielen Fachgebieten existieren Leitfäden unter Namen wie „Anforderungen an wissenschaftliche Arbeiten am Fachgebiet XY" oder „Anleitung zum wissenschaftlichen Arbeiten". Fragen Sie Ihren Betreuer nach einem solchen Leitfaden.

Einheitliche und verbindliche Kriterien, die für alle Ingenieurwissenschaften gelten, gibt es jedoch nicht. Zwar gibt es Anforderungen und Regeln, die für alle Fachgebiete gelten. Diese sind aber so allgemein, dass man sie sozusagen als „Rahmenbestimmungen" verstehen kann. Die „Ausführungsbestimmungen" dagegen variieren von Fachgebiet zu Fachgebiet. Das liegt an unterschiedlichen persönlichen Vorlieben, aber auch an verschiedenen wissenschaftlichen Methoden und Konventionen.

Tipp

Der Leitfaden *AssisThesis – Qualitative Anforderungen an wissenschaftliche Arbeiten an der TU Berlin* (s. Abschn. 10) erläutert ausführlich die Gemeinsamkeiten und Unterschiede der Anforderungen an ingenieurwissenschaftliche Arbeiten.

3.3 Zeitplanung

Im alltäglichen Verständnis stellen wir uns einen Zeitplan als etwas Einmaliges vor, das zu Beginn eines Projektes entsteht. Dieser Plan muss dann nur noch abgearbeitet werden.

Die Realität sieht jedoch anders aus: Ein Plan muss immer wieder durch den Vergleich von Soll-Zustand (dem Projektziel) und Ist-Zustand (dem zu einem beliebigen Zeitpunkt erreichten Zwischenergebnis) den Projektgegebenheiten angepasst werden.

Verschaffen Sie sich daher zunächst einen Überblick über Ihre Aufgabe und zerlegen Sie sie in so genannte Arbeitspakete. Schätzen Sie dann die Zeit, die Sie für die Arbeitspakete brauchen und gleichen Sie diese Zeit mit der Zeit ab, die Sie haben. Machen Sie dann eine Liste der Meilensteine, die Sie im Laufe Ihres Schreibprojektes immer wieder überprüfen, ergänzen und anpassen.

3.3.1 Die Aufgabe in Arbeitspakete zerlegen

Als Grundlage Ihrer Zeitplanung zerlegen Sie zunächst die Gesamtaufgabe in Teilaufgaben und dann in Arbeitspakete. Arbeitspakete sind die kleinsten, nicht mehr sinnvoll weiter zerlegbaren Teilaufgaben (s. Abb. 5).

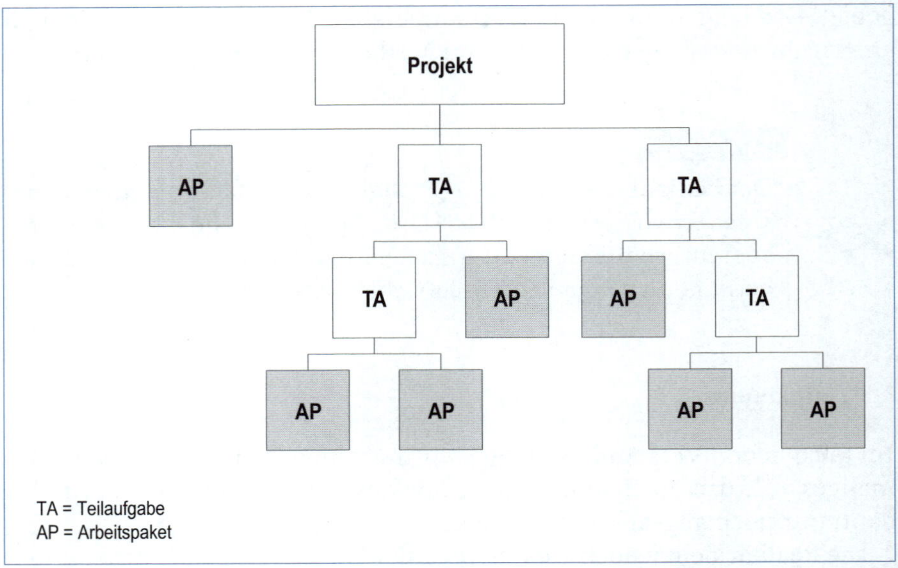

Abb. 5: Das Projekt in Teilaufgaben und Arbeitspakete zerlegen (vgl. Bea/Scheurer/Hesselmann, S. 141)

Übung

Eine Teilaufgabe in der Projektvorbereitungsphase ist, mit einem potentiellen Betreuer ein Erstgespräch zu führen. Zerlegen Sie diese Teilaufgabe in Arbeitspakete.

Lösungsvorschlag

In Abb. 6 sehen Sie, wie die Teilaufgabe „Erstgespräch mit Betreuer führen" in weitere Teilaufgaben und Arbeitspakete zerlegt werden kann.

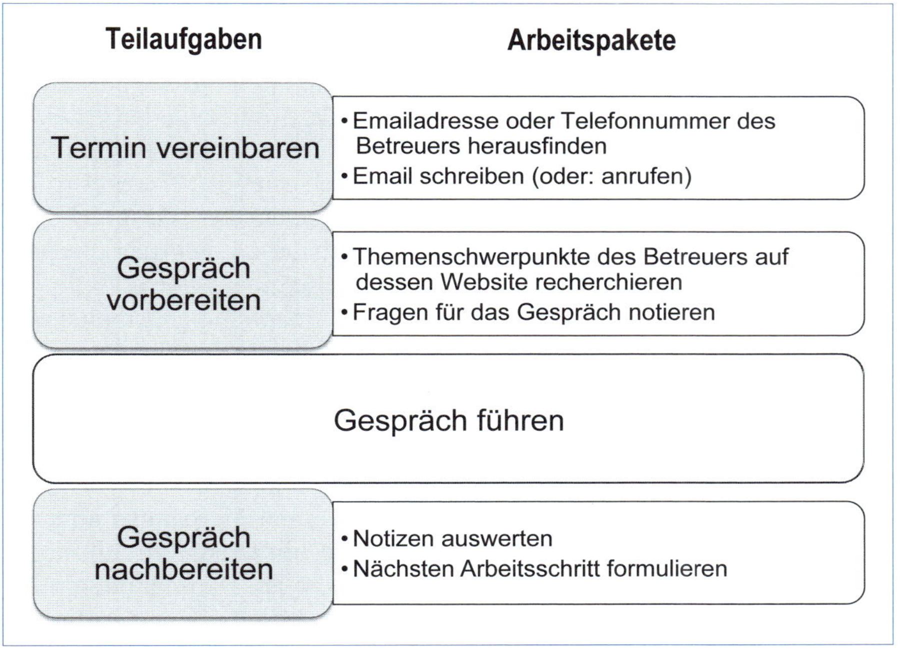

Abb. 6: Arbeitspakete der Teilaufgabe „Erstgespräch führen"

Wiederholen Sie den Vorgang für alle Teilaufgaben, die in der Projektvorbereitungsphase anfallen. Ob Sie dafür eine tabellarische Form wählen, wie in dem Lösungsvorschlag oder eine Baumstruktur, wie in Abb. 5 dargestellt, ist Ihnen überlassen. Wichtig ist, dass Sie sich einen möglichst umfassenden Überblick verschaffen, welche Teilaufgaben und Arbeitspakete auf Sie warten.

3.3.2 Arbeitsaufwand und Dauer abschätzen

Wenn Sie alle Arbeitspakete bestimmt haben, schätzen Sie deren Dauer ab. Dafür können Sie beispielsweise Experten befragen, die Erfahrungen mit der Bewältigung ähnlicher Aufgaben haben. Auch in diesem Buch finden Sie nützliche Hinweise. Mit der Zeit werden Sie selbst auch zunehmend routinierter werden und Ihre eigenen Erfahrungen nutzen können, um Aufgaben planbar zu machen.

Notieren Sie nun zu jedem Arbeitspaket den geschätzten Arbeitsaufwand und die wahrscheinliche Dauer des Arbeitspaketes.

Der Arbeitsaufwand ist die Arbeitszeit, die Sie für ein Arbeitspaket benötigen, die Dauer hingegen der Zeitraum, über den diese Arbeitszeit sich verteilt (vgl. Bea/Scheurer/Hesselmann, S. 143). Notieren Sie außerdem den Termin, bis zu dem das Arbeitspaket erledigt sein soll oder muss.

Nehmen wir das Beispiel „Erstgespräch mit Betreuer führen“: Ihre potenzielle Betreuerin lädt Sie zu einem Gespräch am 20. März von 10 bis 10.30 Uhr ein. Der Arbeitsaufwand für das Arbeitspaket „Gespräch führen“ beträgt somit 30 Minuten. Heute ist jedoch der 20. Februar, die Dauer der gesamten Teilaufgabe beträgt dadurch also einen Monat.

Unterscheiden Sie weiterhin abhängige und unabhängige Arbeitspakete. Voneinander abhängige Arbeitspakete sind solche, bei denen ein Arbeitspaket erst begonnen werden kann, wenn ein vorhergehendes beendet wurde. In dem Beispiel ist die Teilaufgabe „Gespräch nachbereiten“ mit allen dazu gehörenden Arbeitspaketen abhängig von dem Arbeitspaket „Gespräch führen“.

Voneinander unabhängige Arbeitspakete können Sie parallel abarbeiten. Beispielsweise ist eine weitere Teilaufgabe, ein Exposé zu schreiben. Möglicherweise wissen Sie nicht, was ein Exposé ist. Dann lautet ein Arbeitspaket der Teilaufgabe „Exposé schreiben“: „Abschnitt 3.2.3 in diesem Buch lesen“. Dieses Arbeitspaket ist unabhängig von der Teilaufgabe „Erstgespräch mit Beteuer führen“ und Sie können den Monat Wartezeit bis zu dem Gespräch nutzen, um dieses Arbeitspaket zu erledigen.

Wenn Sie alle abhängigen und unabhängigen Arbeitspakete in Ihrem Schreibprojekt bestimmt haben, ordnen Sie diese zeitlich. In so genannten Netzplänen stellen Sie dar, welche Arbeitspakete nacheinander und welche parallel erledigt werden können (s. Abb. 7). Sie können nun auch die Gesamtdauer Ihres Projektes ermitteln, die sich aus der Summe der Dauer der einzelnen abhängigen Arbeitspakete ergibt.

Netzpläne werden bei komplexen und langwierigen Projekten jedoch leicht unübersichtlich. Übersichtlicher sind so genannte Balkenpläne (s. Abb. 8).

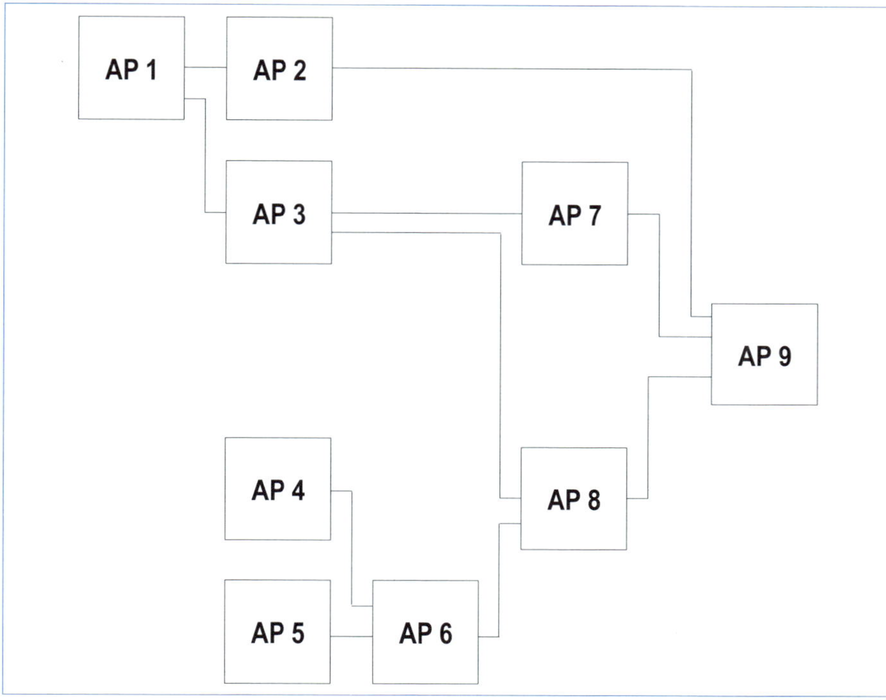

Abb. 7: Beispiel für einen Netzplan (vereinfacht)

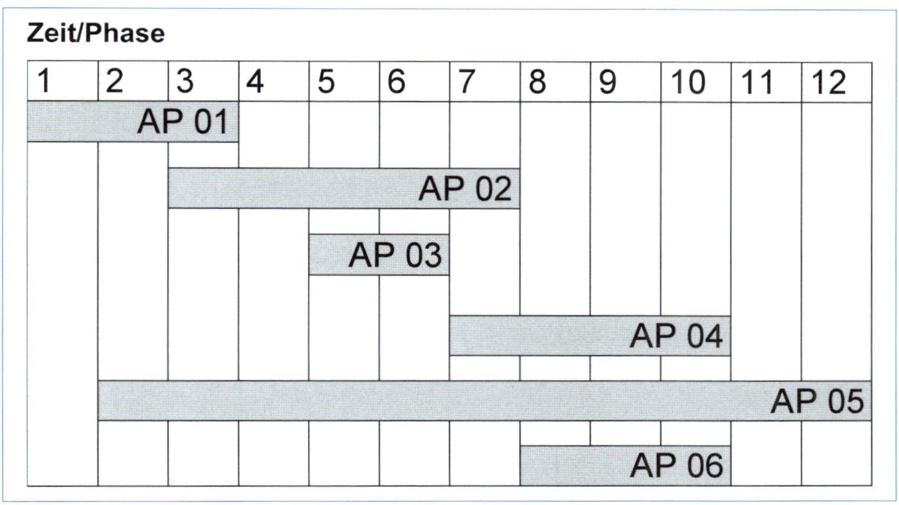

Abb. 8: Beispiel für einen Balkenplan (vereinfacht)

Möglicherweise denken Sie jetzt: Zeitplanung ist aber aufwändig! Sie haben Recht. Gerade bei kleineren Projekten kann die Planung auch mit Software-Unterstützung (z. B. mit MS Project) sehr viel mehr Zeit in Anspruch nehmen als im Verhältnis zur Projektlaufzeit sinnvoll erscheint.

Verlangen Sie nicht zu viel von sich: Sie können und brauchen Ihr Schreibprojekt nicht von Anfang bis Ende minutiös durchzuplanen.

Tipp

>> Greifen Sie auf Detailplanungen immer dann zurück, wenn Sie befürchten, den Überblick zu verlieren.

3.3.3 Meilensteinplan

Ein Meilenstein markiert den jeweiligen Endpunkt einer Teilaufgabe in ihrem Schreibprojekt, stellt also ein Teilziel auf dem Weg zum Gesamtziel dar.

Ein Zeitplan mit Meilensteinen bildet eine gemeinsame Grundlage für die weitere Zusammenarbeit mit Ihrem Betreuer oder den anderen Mitgliedern Ihres Teams und ist zugleich ein Kontrollinstrument, das sichtbar macht, wenn beidseitige Erwartungen zu hoch sind.

Notieren Sie zu jedem Meilenstein, welche Aktivitäten notwendig sind, um den Meilenstein zu erreichen und bis wann Sie ihn erreicht haben wollen (s. Abb. 9).

Fertigen Sie mit Hilfe dieses Musters und den Hinweisen in diesem Buch weitere erste Meilenstein-Pläne zu den jeweiligen Phasen Ihres Schreibprojektes an.

3.3.4 Wie lange dauert Ihr Schreibprojekt insgesamt?

Sie ahnen es vielleicht: Ihr Schreibprojekt dauert länger als die Prüfungsordnung Ihres Faches suggeriert. Je nach Prüfungsordnung werden für die Bearbeitungszeit Ihrer Abschlussarbeit zwei bis sechs Monate veranschlagt.

Leider sieht die Praxis anders aus: Es sind einige Vorarbeiten notwendig, bis Ihr Thema anmeldefertig ist. Unter Umständen kann bereits die Projektvorbereitungsphase bis zu einem Jahr dauern, je nachdem wie gründlich Sie die Abschlussarbeit vorbereiten wollen oder müssen. Dabei

Meilenstein	Notwendige Arbeitspakete	Termin
Erstgespräch mit Betreuer geführt	☑ Emailadresse des Betreuers suchen ☑ Email schreiben ☑ Themenschwerpunkte des Betreuers recherchieren ☑ Fragen für das Gespräch notieren ☑ Gespräch führen ☑ Notizen nach dem Gespräch auswerten ☑ Nächsten Arbeitsschritt formulieren	20. März
Thema festgelegt		
Thema konkretisiert und eingegrenzt		
Zieldefinition schriftlich formuliert		
Methodik ausgewählt		
Vorläufigen Literaturliste geschrieben		
Vorläufigen Zeitplan erarbeitet		
Exposé geschrieben		
Vorläufige Gliederung formuliert		
Firma für Praxisarbeit gefunden		
Bewerbung an die Firma geschrieben		
Betreuer gefunden		
Arbeit beim Prüfungsamt angemeldet		
Leitfaden zum wissenschaftlichen Arbeiten beschafft		
Bewertungskriterien erfragt		
notwendige Programme installiert		
Englisch-Kurs besucht		

Abb. 9: Meilenstein-Plan für die Vorbereitungsphase – Muster

können Sie natürlich „nebenher" studieren. Die Aktivitäten der Vorbereitungsphase sind keine Vollzeitbeschäftigung.

Tipp

>> Genaue Angaben, wie lange eine Abschlussarbeit tatsächlich dauert, gibt es nicht. Nach Erfahrungswerten kann sie bis zu einem Jahr dauern.

Möglicherweise führen Sie im Rahmen Ihres Schreibprojektes Experimente durch, die drei Monate dauern, bis Sie die Ergebnisse haben. Wenn Sie Ihre Arbeit bereits vor dem Beginn der Experimente beim Prüfungsamt angemeldet hätten, würde die Zeit knapp werden.

In vielen Fachgebieten ist es daher – wenn auch inoffiziell – möglich, die Abschlussarbeit erst beim Prüfungsamt anzumelden, wenn das Ende der Experimente absehbar ist. Besprechen Sie diese Möglichkeit jedoch unbedingt vorab mit Ihrem Betreuer oder Ihrer Betreuerin!

Die Dauer Ihrer Experimente wird dann nicht in die offizielle Bearbeitungszeit einberechnet. Dennoch müssen *Sie* die Zeit einplanen.

Tipp

>> Schätzen Sie die Gesamtzeit Ihres Schreibprojektes so gut wie möglich ab und überlegen Sie, wann genau Sie die Arbeit offiziell anmelden wollen.

3.4 Tipps für die Arbeit am PC

Hand aufs Herz: Kennen Sie sich wirklich aus mit PowerPoint und Word? Fehlende Computerkenntnisse können Ihnen Ihr Schreibprojekt ganz schön schwer machen und spätestens am Ende der Arbeit werden Sie von Ihren fehlenden Computerkenntnissen eingeholt.

Verschaffen Sie sich daher gleich zu Beginn Ihres Schreibprojektes einen Überblick darüber, welche Programme Sie benötigen und kennen sollten. PowerPoint und Word reichen bei weitem nicht aus:

Hilfreiche PC-Programme für Ihr Schreibprojekt – eine Auswahl

Textverarbeitung und -satz	• Word • LaTeX
Präsentationen	• PowerPoint
PDF-Reader und -Writer	• Adobe Acrobat • Xpdf • eXPert • pdf995
Korrekturen	• oft in die Textverarbeitung integriert
Literaturverwaltung	• EndNote • Reference Manager • Zettelkasten • LiteRat • Citavi
Visualisierung und Organisation	• MindManager/FreeMind • Mindjet • MS Visio
Für Gruppenarbeiten	• Dropbox

Neben fachübergreifenden PC-Programmen, die Ihnen die Schreibarbeit erleichtern, gibt es eine Vielzahl von Programmen, die Sie innerhalb Ihres Faches verwenden: z. B. Statistik-Programme wie IBM SPSS Statistics oder SAS, Software für sozialwissenschaftliche qualitative Analysen wie MAX-QDA oder ATLAS.ti, mathematische Software wie MATLAB oder Ökobilanz-Software wie GaBi oder Umberto.

Tipp

>> Fragen Sie Ihren Betreuer nach Lizenzen der Hochschule für fachliche Software, damit für Sie keine unnötigen Kosten entstehen.

Nutzen Sie außerdem von Anfang an – besonders wenn Sie Ihr Schreibprojekt im Team bearbeiten – eine Formatvorlage (auch: template, style sheet). Formatvorlagen haben Funktionen, die Ihnen dabei helfen, dass

Ihre Abschlussarbeit nicht nur inhaltlich gut ist, sondern auch gut aussieht. Formatvorlagen erleichtern Ihnen die Layout-Arbeiten und sorgen für ein einheitliches Aussehen der Arbeit.

Jedoch teilen sich die Ingenieurwissenschaften bei der Frage, welches Textverarbeitungs- bzw. -satzprogramm das bessere ist, in zwei Lager: in die Word-BefürworterInnen auf der einen und die LaTeX-BefürworterInnen auf der anderen Seite.

LaTeX (gesprochen: Latech) ist ein Textsatzprogramm, in dem Sie, während Sie Ihren Text schreiben, Quellcodes eingeben, um einzelne Textpassagen oder Überschriften beispielsweise kursiv oder fett auszuzeichnen. Diese Quellcodes müssen zwar erlernt werden, dafür ist aber das Layout von LaTeX ansprechend und das Setzen von Formeln gelingt ebenfalls sehr gut, so dass sich der Aufwand des Einarbeitens lohnt.

Word hingegen erschließt sich – oberflächlich betrachtet – intuitiv durch das so genannte What-you-see-is-what-you-get-Prinzip. Der Nachteil dieser intuitiven Vorgehensweise ist, dass viele Funktionen den Nutzern nicht bekannt sind und daher auch nicht genutzt werden. Auch den Umgang mit Word müssen Sie daher lernen, wenn Sie es wirklich professionell nutzen wollen.

Egal, ob Word oder LaTeX: Einarbeitung und Übung sind bei beiden Systemen die Voraussetzung. Schauen Sie an Ihrer Universität oder in der Volkshochschule nach entsprechenden Weiterbildungs- und Schulungsangeboten.

Tipp

Die Humboldt-Universität Berlin bietet unter http://edoc.hu-berlin.de/e_autoren/index.php eine Dissertationsvorlage zur Nutzung unter Word, OpenOffice und LaTeX. Die Vorlage ist kostenlos, sehr differenziert und auch für umfangreiche Arbeiten mit viel Text geeignet.

4 Die Materialsammlung

Keine ingenieurwissenschaftliche Arbeit wird „aus dem Kopf“ und schon gar nicht „aus dem Bauch“ geschrieben sondern immer auf Basis von selbst erhobenen Daten und selbst gewonnenen Ergebnissen sowie Texten und Informationen Dritter usw. Für Ihr Schreibprojekt brauchen Sie also Material, um Ihre Aufgabenstellung zu bearbeiten bzw. die Zielsetzung Ihres Schreibprojektes zu erreichen.

Das Material kann in Primär- und Sekundärmaterial unterschieden werden. **Primärmaterial** sind die Rohdaten, die Sie selbst aus Ihren eigenen Experimenten, Untersuchungen, Berechnungen gewinnen. Sie sind sozusagen selbst die Quelle Ihres Materials. **Sekundärmaterial** umfasst alle Informationen aus *fremden* Quellen, die Sie also nicht durch eigene Messungen oder Erhebungen gewonnen haben oder die nicht das Resultat Ihrer eigenen Denkleistung sind. Meistens haben Sie diese Informationen in Texten gelesen. Zur Quellenarbeit gehören daher neben dem Wissen, welche Quellen genutzt werden können und wo Sie die Quellen finden, auch Lesetechniken.

4.1 Das Primärmaterial gewinnen

Die fachlichen Methoden, mit denen Sie arbeiten, um Ihr Primärmaterial, also Ihr Rohmaterial für Ihr Schreibprojekt zu gewinnen, lernen Sie im Allgemeinen im Rahmen Ihres Fachstudiums kennen.

Von A wie Architektur bis W wie Werkstoffwissenschaften – die ingenieurwissenschaftlichen Methoden sind so vielfältig wie die Ingenieurwissenschaften selbst: Architekten skizzieren und zeichnen Entwürfe oder kalkulieren Kosten. Bauingenieurinnen projektieren und planen Bauvorhaben, fertigen ebenfalls Entwürfe an oder berechnen die Standfestigkeit von Gebäuden. Lebensmitteltechnologen arbeiten mit und an Methoden zur Zubereitung, Haltbarmachung und Lagerung von Nahrungs- und Genussmitteln. Als Verkehrsweseningenieurin oder -ingenieur testen Sie

Motoren, optimieren Anschnall-Systeme in Kraftfahrzeugen, konstruieren Flugzeuge oder simulieren das Kenterverhalten von Personenfähren in Unwettersituationen. Werkstoffwissenschaftler prüfen Werkstoffeigenschaften, entwickeln neue Werkstoffe und arbeiten mit Methoden zur Herstellung und Bearbeitung von Werkstoffen.

Tipp

>> Einen Überblick über die fachlichen Methoden in Ihrem Fach erhalten Sie in Einführungs- oder Informationsveranstaltungen zu oder vor Studienbeginn.

Verschiedene Werkzeuge, Anlagen, Geräte und vor allem Software unterstützen Sie zwar bei Ihrer methodischen Arbeit, dennoch ist die Erhebung von Primärmaterial in Ihrem Schreibprojekt ein zeitintensiver Teil mit hohem Aufwand, den Sie abarbeiten müssen, ohne allzu viel dabei zu schreiben.

Trotzdem: Ihre fachliche Methode wirkt sich auch auf Ihr Schreibprojekt aus!

Die Methode beeinflusst die Dauer Ihres Schreibprojektes. Angenommen, Sie wollen die biologische Abbaubarkeit (*biodegradability)* der Substanz X testen. Der *301 D Closed Bottle Test* eignet sich für Ihr Vorhaben. In der entsprechenden OECD *Guideline* steht:

The pass levels for ready biodegradability are 70% removal of DOC and 60% of ThOD or ThCO2 production for respirometric methods. (...) These pass values have to be reached in a 10-d window within the 28-d period of the test, except where mentioned below. (Unterstreichung durch die Autorin)

Dieser Test kann also bis zu 28 Tage dauern, hinzu kommen noch die Zeiten zur Versuchsvor- und -nachbereitung. Bei diesem Test könnte es zwar sein, dass Sie früher fertig werden, fest damit rechnen sollten Sie aber nicht.

Wenn Sie experimentell arbeiten, ist es also in jedem Fall sinnvoll, dass Sie mit Ihrer Zielsetzung auch festlegen, mit welcher ingenieurwissenschaftlichen Methode Sie Ihre Zielsetzung erreichen wollen. Lesen Sie sich in die Methode ein, besorgen Sie sich ggf. Prüfvorschriften oder ähnliche Anleitungstexte und ermitteln Sie so die ungefähre Mindestdauer Ihres Experimentes. Oder erkundigen Sie sich bei Ihrem Betreuer, wie lange das Experiment erfahrungsgemäß dauern wird.

Sie erfahren aus der OECD *Guideline* aber auch, dass das Experiment nicht von Ihnen verlangt, dass Sie die ganze Zeit im Labor stehen und Ihren Proben zusehen. Es reicht wenn Sie alle drei bis vier Tage im Labor eine Probe nehmen und das Abbauverhalten messen.

Sie können die Zeit also nutzen und bereits erste Textteile Ihrer Arbeit schreiben oder Literatur und weitere Quellen zu Ihrem Thema sichten und auswerten.

Diese Möglichkeit haben Sie jedoch nicht, wenn Sie etwas simulieren, entwerfen, konstruieren oder implementieren. Bei diesen Methoden ist Ihre Arbeitskraft im Allgemeinen vollständig gebunden und es bleibt wenig Zeit, nebenher bereits erste Textbausteine zu verfassen.

Die Methode beeinflusst die Gliederung Ihrer Abschlussarbeit. Ein Teil Ihrer Arbeit (manche nennen ihn den Durchführungsteil) wird im Allgemeinen entlang des methodischen Vorgehens gegliedert. Mit der Wahl Ihrer Methode haben Sie also auch einen Teil der Gliederung Ihrer Abschlussarbeit festgelegt.

In dem Beispiel-Exposé und dem Gliederungsentwurf zu der Untersuchung der Handtrocken-Systeme, die Sie in den Abschn. 3.2.3 und 3.2.4 kennengelernt haben, ist die Rede von der Ökobilanz, einer Methode zur Bewertung von Umweltwirkungen von Produkten, Dienstleistungen oder Prozessen. Die Ökobilanz nach DIN EN ISO 14044:2006-10 besteht aus den Schritten:

- Festlegung des Ziels und des Untersuchungsrahmens
- Sachbilanz
- Wirkungsabschätzung
- Auswertung und Interpretation

Diese Schritte müssen auch in der Gliederung Ihrer Arbeit erscheinen, vielleicht sogar mit genau diesen Überschriften.

Die Methode beeinflusst Ihre Visualisierungsmöglichkeiten. Zu manchen fachlichen Methoden gehören bestimmte Formen von Abbildungen, Diagrammen oder Tabellen. Mehr über Ihre Visualisierungsmöglichkeiten lesen Sie in den Abschnitt 5.2.1 und 7.3.

4.2 Das Sekundärmaterial gezielt auswählen

Quellenarbeit ist Bestandteil jeder Wissenschaft, wenn auch in unterschiedlicher Ausprägung und mit unterschiedlichen Funktionen. In ingenieurwissenschaftlichen Abschlussarbeiten geht es im Allgemeinen um die nachvollziehbare Darstellung von faktischen Ergebnissen, die Experimenten oder Recherchen gewonnen wurden.

Dafür werten Sie die fachlich angemessenen Quellen auf ihren Informationsgehalt hin systematisch aus, stellen die Informationen zu bestimmten Fragestellungen zusammen und vergleichen Sie miteinander.

4.2.1 Quellenarten kennen und finden

Haben Sie eine Vorstellung von der Vielfalt der Quellenarten? Der Begriff der Quelle umfasst bei weitem nicht nur Bücher, so genannte *papers* oder das Internet.

Das wesentliche Unterscheidungsmerkmal aller Quellenarten ist, ob es sich um selbstständige oder unselbstständige Quellen handelt (s. Abb. 10). Unselbstständige Quellenarten sind Teil eines größeren Werks. Das größere Werk ist dann die selbstständige Quelle. Sie erkennen unselbstständige Quellen daran, dass in den Quellenbelegen im Literaturverzeichnis immer die selbstständige Quelle, die die unselbstständige Quelle enthält, mit genannt wird.

* Eine Monografie (griech.: „Einzelschrift“) behandelt einen einzelnen Sachverhalt, eine spezifischen Fragestellung ausführlich, vollständig und umfassend. Eine Monografie kann von einem oder mehreren Autoren verfasst werden.

Abb. 10: Selbstständige und unselbstständige Quellen

Ein einzelner Fachartikel *(paper)* ist ebenfalls eine unselbstständige Quelle: Er erscheint in einer Fachzeitschrift *(scientific journal)* – der selbstständigen Quelle – gemeinsam mit anderen Fachartikeln.

Beachten Sie weiterhin bei Zeitschriften, ob es sich um eine Publikumszeitschrift oder eine Fachzeitschrift handelt.

Publikumszeitschriften haben ein eher weites Themenspektrum. Es gibt aber auch Publikumszeitschriften zu speziellen Themengebieten wie Computer, Auto, Sport. Die Artikel richten sich an einen großen Leserkreis und gehen inhaltlich häufig nicht sehr in die Tiefe. Sie sind meist allgemeinverständlich aufbereitet und werden im Allgemeinen von Journalisten verfasst.

Fachzeitschriften hingegen, insbesondere wissenschaftliche Fachzeitschriften, richten sich an einen fachlich spezialisierten Leserkreis, veröffentlicht werden Artikel zu wissenschaftlich relevanten Themen. Hier schreiben Experten, die im Allgemeinen keine journalistische Ausbildung haben, selbst über ihre Forschungsgebiete und -ergebnisse.

Die meisten Fachzeitschriften lassen die eingereichten Artikel von externen Experten begutachten, bevor die Artikel veröffentlicht werden. Dieses Verfahren der Begutachtung wird als *peer review* bezeichnet (von engl.: to peer = forschend/prüfend blicken, spähen, suchend schauen; peer = der/die Ebenbürtige, der Fachkollege/die Fachkollegin, der/die Gleichgestellte). Wurde ein Artikel *peer reviewed,* bedeutet das, dass er von Fachleuten überprüft, begutachtet und für die Veröffentlichung freigegeben wurde.

Tipp

>> Ob ein Zeitschriften-Verlag ein *peer review* durchführen lässt, erfahren Sie auf den Internetseiten der Verlage.

In ingenieurwissenschaftlichen Texten werden jedoch noch sehr viel mehr Quellen verwendet:

Weitere Quellenarten

- Persönliche Mitteilungen in Briefen, Gesprächen oder Interviews
- Rechtsquellen: Gesetze, Durchführungsverordnungen, Richtlinien und Gerichtsentscheidungen
- Normen- und Regelwerke, z. B. Unfallverhütungsvorschriften, Technische Regeln, z. B. für Gefahrstoffe oder DIN-Normen und VDI-Richtlinien
- Broschüren und Geschäftsberichte
- Computerprogramme
- Fotos, CD-ROM
- Karten
- Loseblatt-Sammlungen
- Nachschlagewerke wie Fachlexika, technische Wörterbücher
- Vorlesungsskripte
- Mitschriften zu Vorträgen

Die Vielfalt der möglichen Quellen zu Ihrem Thema erschwert zu Beginn die **Suche** nach den *richtigen* Quellen. Je mehr Sie sich in Ihr Thema eingearbeitet haben, desto besser werden Sie mit der Zeit wissen, wo und wie Sie weitere Informationen zu dem Thema bekommen.

Zu Beginn Ihrer Suche können Sie nach grundsätzlich zwei Methoden vorgehen: Sie können mit Hilfe von Schlagworten suchen oder nach dem Schneeballsystem.

Bei der Suche mit Schlagworten überlegen Sie sich Begriffe und Suchworte zu einem Thema, und durchsuchen dann mit Hilfe dieser Begriffe Bibliothekskataloge und Suchmaschinen im Internet, bis Sie so zu einer ersten Auswahl verschiedener Veröffentlichungen kommen.

Bei dem Schneeballsystem nutzen Sie die Literatur- und Quellenverzeichnisse der bereits gefundenen Veröffentlichungen oder solchen, die Ihnen Ihr Betreuer empfohlen hat, als Ausgangspunkt für weitere Recherchen.

In der Praxis werden Sie zwischen beiden Strategien wechseln und mit fortschreitender Suche neue Suchbegriffe finden. Ihre Suche wird so mit der Zeit gezielter werden.

4.2.2 Quellenarten bewerten

Die Materialsuche erstreckt sich praktisch über den gesamten Verlauf des Schreibprojektes. Schnell stellen Sie jedoch fest: Es gibt mehr Material, als

Sie in Ihrem Schreibprojekt bewältigen und verwerten können. Sie müssen das Material also eingrenzen.

Bestimmen Sie dazu Ihr jeweiliges **Informationsziel**. Wenn Sie Ihre Informationsziele kennen, können Sie die Quellen besser einordnen und entscheiden, welche Quelle Sie wofür nutzen wollen.

Konkretisieren Sie mit Hilfe der folgenden Fragen in jeder Phase Ihres Schreibprojektes Ihre Informationsziele:

- In welcher Phase meines Schreibprojektes befinde ich mich?
- Welche Information fehlt mir?
- An welcher Stelle in meinem Text werde ich die gesuchte Information brauchen?

Sie werden bald feststellen, dass sich Ihre Informationsziele entlang Ihres Schreibprojektes ändern und damit auch Ihre Suchstrategien (s. auch Abb. 11):

- Zu Beginn Ihres Schreibprojektes möchten Sie sich orientieren: Sie suchen einen Einstieg in das Thema und brauchen einen ersten Überblick. Entsprechend suchen Sie breit gestreut; viele Aspekte erscheinen interessant.
- In der Phase der Materialsammlung und dem Schreiben des ersten Textentwurfes vertiefen Sie einige dieser Aspekte mit Hilfe weiterer Quellen.
- In der Phase der Textoptimierung füllen Sie Lücken, die im Text noch vorhanden sind oder die Ihnen erst beim Überarbeiten auffallen. Diese Lücken füllen Sie sehr gezielt mit den benötigten Informationen und ergänzen ggf. auch einen Tag vor der Abgabe noch letzte Daten.

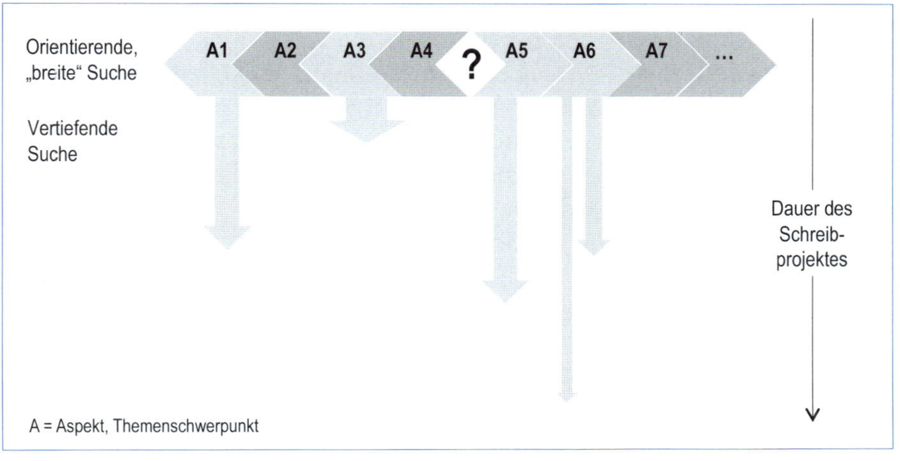

Abb. 11: Unterschiedliche Suchstrategien im Projektverlauf

Tipp

>> Viele Betreuer bewerten in den Abschlussarbeiten auch die Angemessenheit und die Zitierfähigkeit der verwendeten Quellen.

Grundsätzliche Qualitätsmerkmale, anhand derer Sie die Angemessenheit und damit auch die **Zitierfähigkeit** von Quellenarten beurteilen können, sind:

- Aktualität,
- Verlässlichkeit und Nachprüfbarkeit,
- Art der enthaltenen Information.

Tipp

>> Bewerten Sie die Qualität von Quellen immer in Abhängigkeit von der Zielsetzung Ihres Schreibprojektes und Ihren Informationszielen.

Die Qualitätsmerkmale der Quellenarten sind keine absoluten Größen. Beispielsweise ist ein Fachartikel im Allgemeinen zum Zeitpunkt der Veröffentlichung aktuell. Wenn Sie jedoch einen Überblick über die Entwicklung einer bestimmten Technologie geben wollen, ist es notwendig, auch ältere Artikel für Ihre Arbeit hinzuzuziehen.

Wenn die Zeitschriften, in denen die jeweiligen Artikel erschienen sind, ein *peer review* durchführen lassen, können Sie davon ausgehen, dass die Artikel verlässlich sind. Verlässlichkeit bedeutet hier, dass ein Experte oder eine Expertin Ihres Faches bereits vor Ihnen die Veröffentlichung kritisch gelesen und für gut befunden hat.

Fachartikel informieren je nach Anspruch und Schwerpunkt der Zeitschrift über Anwendungs- und Praxisbeispiele, innovative Technologien, den Stand der Technik oder der Wissenschaft (= Art der enthaltenen Information). Im Vergleich dazu würden Sie in einem Lehrbuch eher einen breiten Überblick über verschiedene Untergebiete eines Themas finden, auf der Basis von dem zum Zeitpunkt des Erscheinens des Lehrbuches als gesichert geltendem Wissen. Informationen zu technologischen Innovationen hingegen finden Sie dort eher nicht.

Übung

Überlegen und begründen Sie: Genügen Informationen, die Sie aus Wikipedia erhalten, den Qualitätskriterien?

Lösung

Aktualität: Informationen aus Wikipedia können aktuell sein, müssen es aber nicht. Manche Beiträge sind so alt wie Wikipedia selbst.
Verlässlichkeit und Nachprüfbarkeit: Beiträge in Wikipedia können zwar von anderen Nutzern überprüft und überarbeitet werden; die Überarbeitungen geschehen jedoch eher nach dem Zufallsprinzip, abhängig davon, ob es jemanden gibt, der sich für das Thema interessiert. Das Überarbeitungssystem genügt daher keinen fachlichen Ansprüchen.
Die Artikel in Wikipedia können außerdem immer wieder überarbeitet werden, so dass der Artikel, den sie in Ihrer Arbeit zitieren wollen, möglicherweise in einem Jahr gar nicht oder nur schwer wieder gefunden werden kann.
Art der enthaltenen Information: In Wikipedia finden Sie Informationen zu allen Bereichen, die Menschen weltweit interessieren. Insofern entspricht Wikipedia eher einem Lexikon des Allgemeinwissens, ist aber keine fachspezifische Sammlung von Informationen. Dennoch gibt es durchaus qualifizierte und fachlich fundierte Beiträge.
Die zusammenfassende Bewertung der Zitierfähigkeit von Wikipedia sieht insgesamt jedoch nicht gut aus:

	Aktualität	*Verlässlichkeit*	*Art der Information*
Bewertung	*+/–*	*–*	*+/–*

Fazit: Wikipedia kann der Start Ihrer Materialsuche sein, aber nicht das Ende!

Wenn Sie sich nicht sicher sind, ob Quellen aus dem Internet seriös und zitierfähig sind, helfen Ihnen die folgenden „Indikatoren" bei der Einschätzung der Quellen:

Indikatoren zur Bewertung von Internetquellen

Indikator „VerfasserIn":

- Wird der Verfasser namentlich genannt?
  Jeder Wissenschaftler, jede Expertin hat ein großes Interesse daran, unter dem eigenen Namen zu veröffentlichen. Finden Sie keinen Namen, seien Sie kritisch gegenüber der Zuverlässigkeit der Quelle.
- Ist der Verfasser „vom Fach"?
  Besitzt er eine für Ihre Fragestellung oder Zielsetzung erkennbare Qualifikation, ist er als Experte anerkannt?

Indikator „Institution":

- Wird die Institution namentlich genannt?
  Jede seriöse fachliche Institution hat großes Interesse daran, namentlich genannt zu werden. Finden Sie keinen Namen, keinen namentlich genannten Ansprechpartner, keine Kontaktdaten, seien Sie kritisch gegenüber der Zuverlässigkeit der Quelle.

Indikator „Dokumentenformat":

- Handelt es sich um ein PDF- oder HTML-Dokument?
  PDF *(Portable Document Format)* bezeichnet ein Dateiformat, das elektronische Dokumente originalgetreu wiedergibt. Wird beispielsweise ein Text als Word-Dokument geschrieben und dann als PDF-Datei gespeichert, behält er genau das Layout, das der Autor zuvor in der Word-Datei festgelegt hat. PDF wird von vielen elektronischen Zeitschriften genutzt, aber auch von Institutionen, die Broschüren, Veröffentlichungen etc. als PDF zum „Herunterladen" anbieten.
  HTML *(Hypertext Markup Language)* bezeichnet die Auszeichnungssprache, mit der Internetseiten verfasst werden. HTML-Dokumente sind also die Internetseiten, die Sie mit einem Browser aufrufen. HTML-Dokumente können veränderlich und dynamisch sein, sich also ständig ändern, oder nur hin und wieder vom Administrator aktualisiert werden.
  Als Quelle für Ihre Arbeit eignen sich aufgrund ihrer Beständigkeit daher PDF-Dokumente eher als HTML-Dokumente.

Auch wenn viele Quellen im Internet nicht seriös und zitierfähig sind, so ist das Internet doch bei der Materialsuche eine große Hilfe. Dank der Online-Suchmaschinen können Sie, ohne Ihre Wohnung zu verlassen, entscheiden, ob Sie eine Veröffentlichung kaufen, ausleihen oder kopieren wollen.

Übung

Stellen Sie sich vor, Sie recherchieren zu Hause mit Hilfe des Online-Kataloges der Universitätsbibliothek nach Literatur zu dem Thema Ihrer Masterarbeit. Sie bekommen auf einen Suchwort-Anfrage eine Auswahl von 100 Titeln.
Anhand welcher Merkmale entscheiden Sie, welche Literatur Sie bestellen oder ansehen wollen?

Kommentar

Aus der Kombination von Titel *und* Untertitel erkennen Sie, ob die Quelle inhaltlich für Ihr Schreibprojekt überhaupt interessant ist.
Wenn Sie den Namen des Verfassers oder der Verfasserin kennen, wissen Sie auch, ob es sich um einen Experten oder eine Expertin in Ihrem Themengebiet handelt. Wenn Sie den Verfassernamen nicht kennen, ermitteln Sie weitere Veröffentlichungen und fachliche Arbeitsgebiete der betreffenden Person (z. B. im Internet). So können Sie besser deren Expertenschaft und Verlässlichkeit einschätzen.
Die Auflage gibt Ihnen ein Hinweis darauf, ob ein Buch schon sehr lange auf dem Markt ist und viel gelesen wird. Das ist im Allgemeinen bei Standardwerken der Fall.
Am Erscheinungsjahr erkennen Sie, wie aktuell die Literatur ist. Wie aktuell eine Quelle sein muss, hängt von der Zielsetzung Ihres Schreibprojektes ab. Bringen Sie das Erscheinungsjahr auch in Zusammenhang mit der Publikationsform: Fachartikel erscheinen eher zeitnah, Bücher haben dagegen eine lange Vorlaufzeit. Das bedeutet, dass die Informationen in einem Artikel noch „frisch“ sind zum Zeitpunkt des Erscheinens, in einem Buch jedoch bereits veraltet sein können, wenn es erscheint.

Diese Hinweise finden Sie in den so genannten Vollanzeigen – ein Beispiel sehen Sie in Abb. 12.

Gesamtbestand	Verfügbarkeit
1.Autor	Bank, Matthias
Titel	Basiswissen Umwelttechnik
Zusatz	Wasser, Luft, Abfall, Lärm und Umweltrecht
Verfasserang.	Matthias Bank
Ausgabe	5., komplett neu bearb. Aufl.
Ort	Würzburg
Verlag	Vogel
Jahr	2007
Umfang	1772 S.
Illustrat.	Ill., graph. Darst.
Externe Datei	http://bvbr.bib-bvb.de:8991/F?func=service&doc_library=BVB01&doc_number=015437718&line_number=0001&func_code=DB_RECORDS&service_type=MEDIA ** Inhaltsverzeichnis

Abb. 12: Vollanzeige eines Titels im Online-Katalog der Zentralbibliothek der TU Berlin

Der Titel des Beispiels deutet daraufhin, dass es sich möglicherweise um ein Überblickswerk handelt. Diese Vermutung wird durch die Anzahl der Seiten (1772) bestätigt. Der Untertitel konkretisiert den Haupttitel: Sie interessieren sich z. B. für verschiedene Abfallbehandlungstechniken? In diesem Werk werden Sie möglicherweise fündig.

Es scheint sich weiterhin um ein Standardwerk zu handeln, denn es ist bereits in der fünften Auflage erschienen, wird also regelmäßig gekauft. Jedoch ist das Buch nicht mehr ganz aktuell. Aktuelle Informationen über Innovationen der Umwelttechnik werden Sie in diesem Werk also nicht finden.

Sobald ein Buch auch „physisch“ vor Ihnen liegt, Sie es also anfassen und ansehen können, lenken Sie mit Hilfe der nachfolgenden Checkliste den Blick auf die Informationsgehalte verschiedener Textteile (z. B. Inhaltsverzeichnisse, Literaturverzeichnisse, Einleitungen). Entscheiden Sie dann, ob Sie das Buch tatsächlich ausleihen, kaufen oder kopieren wollen. Das Auswerten der Literatur mit Hilfe der Checkliste geht schnell und hilft Ihnen außerdem später, den Text besser inhaltlich zu erfassen.

Indikatoren zur Bewertung von Literatur anhand von Textteilen

Einleitungen (alternativ: das Abstract) enthalten meistens Informationen zur Zielsetzung der Arbeit, zum Hintergrund und zum methodischen Vorgehen.

☑ Entscheiden Sie, ob Zielsetzung und Inhalt der Veröffentlichung zu der Zielsetzung Ihres Schreibprojektes passen.

Der Klappentext auf der Buchrückseite oder dem Innenumschlag enthält meist kurze Inhaltsangaben oder gibt einen Überblick über das Buch.

☑ Entscheiden Sie, ob das Buch für Sie interessant ist, ohne es aufzuschlagen.

Abbildungen, Tabellen, Diagramme veranschaulichen komplexe Sachverhalte und Ergebnisse.

☑ Verschaffen Sie sich anhand der Abbildungen und Tabellen einen raschen Überblick über Inhalt und Anspruch der Veröffentlichung.

Dem Inhaltsverzeichnis entnehmen Sie die Kapiteleinteilung und damit auch die Themenschwerpunkte.

☑ Identifizieren Sie Schwerpunkte mit Hilfe der Seitenangaben und des Seitenumfanges. Sie erkennen im Inhaltsverzeichnis auch, ob die Veröffentlichung systematisch und übersichtlich gegliedert ist.

Das Literaturverzeichnis ist eine übersichtliche Liste der in der Veröffentlichung zitierten Literatur.

☑ Im Literaturverzeichnis finden Sie Hinweise zum fachlichen Hintergrund des Verfassers. Sie finden hier auch Hinweise zu Literatur, die für Ihr Schreibprojekt interessant sein könnte.

Ist das fachliche Niveau Ihrem Vorwissen angemessen?

☑ Haben Sie das fachliche Vorwissen (noch) nicht, dann merken Sie sich die Veröffentlichung vor und nehmen Sie sie zu einem späteren Zeitpunkt, wenn Sie sich in Ihr Thema eingearbeitet haben, wieder zur Hand.

Gefällt Ihnen der Stil der Veröffentlichung?

☑ Lassen Sie sich auch von Ihrem Gefühl leiten: Wenn Ihnen der Stil einer Veröffentlichung überhaupt nicht liegt, quälen Sie sich nicht unnötig oder lesen Sie sie nur „quer".

4.3 Das Sekundärmaterial effektiv lesen

Verschiedene Texte liegen nun vor Ihnen auf Ihrem Schreibtisch und Sie möchten sie gezielt nach den enthaltenen Informationen auswerten. Fachtexte sind jedoch häufig kompliziert und ermüdend geschrieben. Verschiedene Lesetechniken können Ihnen dabei helfen, diese Texte zu verstehen.

Die Techniken, die Sie in den folgenden Abschnitten kennen lernen, beruhen auf der Modellvorstellung, dass das Lesen und Verstehen eines Textes ein Konstruktionsprozess ist.

4.3.1 Ein Modell vom Lesen

Wenn Sie einen Fachtext lesen, nehmen Sie die Informationen des Fachtextes in Wechselwirkung mit Ihrem bereits vorhandenen Wissen auf. Außerdem verknüpfen Sie Textteile wie Wörter, Sätze, Absätze sowie Abbildungen des Textes mit den Bedeutungen anderer Textteile im selben Text.

Durch diese Verknüpfungsarbeit konstruieren Sie in Ihrem Gehirn sozusagen „Verstehensbrücken" zwischen Ihrem bereits vorhandenen Wissen und den neuen Informationen in dem Text. Diese Arbeit hilft Ihnen dabei, die neuen Informationen zu verstehen und Sie verändern damit Ihr vorhandenes Wissen: Im Idealfall wissen Sie nach der Lektüre mehr als vorher.

Fachliches Lesen ist also kein passiver Prozess, sondern erfordert Ihre aktive Mitarbeit!

Die Konstruktionsarbeit können Sie durch verschiedene Lesetechniken fördern und verstärken. Mit Hilfe der Techniken lesen Sie einzelne Textpassagen oder auch ganze Fachartikel mehrere Male, wechseln dabei jedoch immer wieder das Tempo und fokussieren unterschiedliche Textteile. Einzelne Lese-Durchgänge dauern dann zum Teil nur wenige Sekunden.

>> **Tipp**

Wenden Sie die Lesetechniken flexibel an und kombinieren Sie verschiedene Techniken: Sie werden merken, wie Ihnen mit der Zeit das Lesen selbst komplexer Texte leichter fällt.

4.3.2 Die physiologischen Eigenschaften des Auges nutzen

Ihr Auge ist ein Sinnesorgan, das Lichtreize aufnimmt und an das Gehirn weiterleitet. Nutzen Sie daher die physiologischen Eigenschaften Ihres Auges beim Lesen:

Sorgen Sie für günstige **Lichtverhältnisse**. Gerade weil Fachtexte nicht zur Unterhaltung geschrieben sind und ihre Lektüre daher häufig als langweilig empfunden wird, ist es notwendig dem Ermüdungseffekt durch eine positive „Leseökologie" entgegenzuwirken. Einen spannenden Krimi lesen Sie möglicherweise auch im Licht einer Kerze, für eine Dissertation ist das nicht ratsam.

Das Auge folgt der **Bewegung** (Sie kennen diesen Effekt aus dem Straßenverkehr, wo Warnleuchten häufig blinken, um besser wahrgenommen zu werden). Lassen Sie also beim Lesen Ihren Finger oder einem Stift diagonal oder in schlängelnden Bewegungen über die Seite gleiten. Ihre Augen nehmen so mehr Informationen auf als ohne die Finger- oder Stiftbewegungen. Wichtig: Bewegen Sie den Finger oder Stift nicht zeilenweise und langsam, wie es Erstklässler in der Schule häufig machen, sondern diagonal und zügig über die Seite.

Überfliegen Sie Bücher komplett, bevor Sie sie lesen: Blättern Sie das Buch einmal von vorne nach hinten durch, konsequent Seite für Seite etwa im Sekundentakt. Auf diese Weise „scannt" Ihr Auge bereits eine Vielzahl von Informationen, ohne dass Sie sich dessen bewusst sind.

Nutzen Sie auch das **Layout** als Verstehenshilfe, bevor Sie mit dem eigentlichen Lesen beginnen: Gewinnen Sie einen ersten Eindruck von dem Text, indem Sie das Layout auf sich wirken lassen: Erfassen Sie den Text als „Bild" anhand der optisch wahrnehmbaren Teile des Textes, wie Fettdruck oder Schriftart, Bildern und Tabellen, Überschriften oder Absätzen. Danach reflektieren Sie kurz: Wie ist das Buch aufgebaut? Enthält das Buch z. B. viele Abbildungen? Sind diese farbig? Gibt es längere Textpassagen? Wie sind die Seiten aufgeteilt? Ist das Layout ansprechend? Diese kurze Reflexion hilft Ihnen später dabei, die relevanten Informationen schneller zu finden und zu behalten.

Tipp

Ihr Auge liest mit! Sorgen Sie daher immer für eine angenehme „Leseökologie", beispielsweise durch gutes Licht und eine angenehme und aufrechte Sitzhaltung.

4.3.3 Teiltexte und Textteile fokussieren

Wenn Sie Schwierigkeiten haben, einen Text inhaltlich zu verstehen, können Ihnen verschiedene Textmerkmale wie die Gliederung, bestimmte Formulierungen, die enthaltenen Abbildungen und Tabellen, Layout etc. helfen, den Inhalt zu erschließen.

Sie erinnern sich: Texte bestehen aus Teiltexten und Textteilen (s. Abschn. 2). Fokussieren Sie beim Lesen einzelne Teiltexte oder Textteile und konstruieren Sie so nach und nach den Sinn des Textes, und zwar so lange, bis Sie *Ihr* Informationsziel erreicht haben.

Sie müssen also Fachtexte nicht unbedingt ganz genau und vollständig lesen. Sie müssen die Texte noch nicht einmal bis ins Letzte verstehen. Es reicht häufig, wenn Sie – je nach Ihrem Informationsbedürfnis und -ziel – z. B. nur die Ergebnisse oder die Einleitung und die Zusammenfassung lesen.

Es ist auch nicht notwendig, dass Sie einen Text von Anfang bis Ende, also linear und chronologisch wie einen Roman lesen, sondern Sie können und dürfen ihn kreuz und quer, vor und zurück lesen.

Variieren Sie die Richtung des Lesens! Brauchen Sie bestimmte einzelne Informationen, verschaffen Sie sich sinnvollerweise zunächst im Inhaltsverzeichnis oder Index einen Überblick. Schlagen Sie dann ein bestimmtes Kapitel auf und lesen dort eine einzelne Passage. Vielleicht verstehen Sie einen Sachverhalt nicht und blättern nun ein paar Seiten vor, weil der Sachverhalt an anderer Stelle erläutert wird. Danach kehren Sie zu dem ursprünglichen Kapitel zurück usw.

Oder Sie „überfliegen" zunächst den Text nach Fachworten und Abkürzungen, die Sie nicht verstehen. Schlagen Sie sie aber nicht sofort nach, sondern überlegen Sie zunächst selbst, was sie bedeuten.
Suchen Sie nach Hinweisen im Text, mit deren Hilfe Sie die Worte oder Abkürzungen erschließen können. Oder nutzen Sie an dieser Stelle Wikipedia als Informationsquelle, um einen schnellen Überblick über den begrifflichen Inhalt des Fachwortes zu bekommen. Vergleichen Sie dann die Informationen aus Wikipedia mit denen aus Ihrem Text.

Tipp

» Legen Sie ein Glossar der Fachworte und Abkürzungen und ihrer Bedeutungen an.

Oder schauen Sie sich zunächst die Abbildungen, Grafiken und Tabellen an und versuchen Sie sie zu verstehen und zu interpretieren, ohne den dazugehörenden Text zu lesen. Viele Abbildungen sind selbsterklärend! Lesen Sie dann die entsprechenden Erläuterungen im Text und entschlüsseln so im Wechsel zwischen Text und grafischem Element den Sinn sowohl der Grafik als auch des Textes.

4.3.4 Die Textlogik entschlüsseln

So genannte Konnektoren und der Textaufbau helfen Ihnen, die Textlogik zu erschließen.

Konnektoren wie „und“, „oder“, „wenn“, „dann“ etc. verbinden Worte, Satzteile und Sätze miteinander (s. auch Abschn. 7.4.2). Das Besondere an Konnektoren ist, dass sie immer eine logische Bedeutung für den Satz beinhalten. Sie verweisen auf Inhalte, die vor oder nach dem Konnektor im Text dargestellt werden. So verbindet z. B. der Konnektor „weil“ eine Ursache und deren Wirkung. Lesen Sie das Wort „weil“ im Text, können Sie nun gezielt nach der beschriebenen Ursache und dann nach der Begründung suchen. Suchen Sie also beim Lesen nach Konnektoren. Sie helfen Ihnen, logische Strukturen des Textes zu identifizieren.

Nutzen Sie auch den **Textaufbau** für das Leseverstehen. Viele ingenieurwissenschaftliche Texte und Teiltexte, aber auch Gesetzestexte, Normen, Patentschriften oder Versuchsbeschreibungen zeichnen sich durch einen wiederkehrenden Textaufbau aus: Der spezifische Textaufbau – auch als Struktur, Gliederung oder Textbauplan bezeichnet – ist Merkmal einzelner fachlicher Textsorten.

Mit zunehmender Leseerfahrung gehen Sie mit einer bestimmten Erwartung an die Struktur dieser Texte heran: Sie formulieren automatisch und oft unbewusst Fragen an den Text und suchen die Antworten auf Ihre Fragen in den entsprechenden Teilabschnitten.

Übung

Angenommen, Sie wollen die Einleitung einen Fachbuches lesen. Überlegen Sie einmal: Was erwarten Sie von einer Einleitung? Was möchten Sie in einer Einleitung lesen? Oder: Was steht nach Ihren Erfahrungen normalerweise in Einleitungen zu Fachbüchern?

Lösungsvorschlag

Sie erwarten möglicherweise von einer Einleitung Informationen zu

- *Zusammenhang, Hintergrund, inhaltlicher Einordnung der Arbeit*
- *der Relevanz, der Fragestellung oder dem zu Grunde liegenden Problem*
- *dem Ziel der Arbeit*
- *dem methodischen Vorgehen*
- *dem Aufbau der Arbeit*
- *verwendeten Quellen, der Zielgruppe oder dem Stand der Forschung (s. auch Abb. 13)*

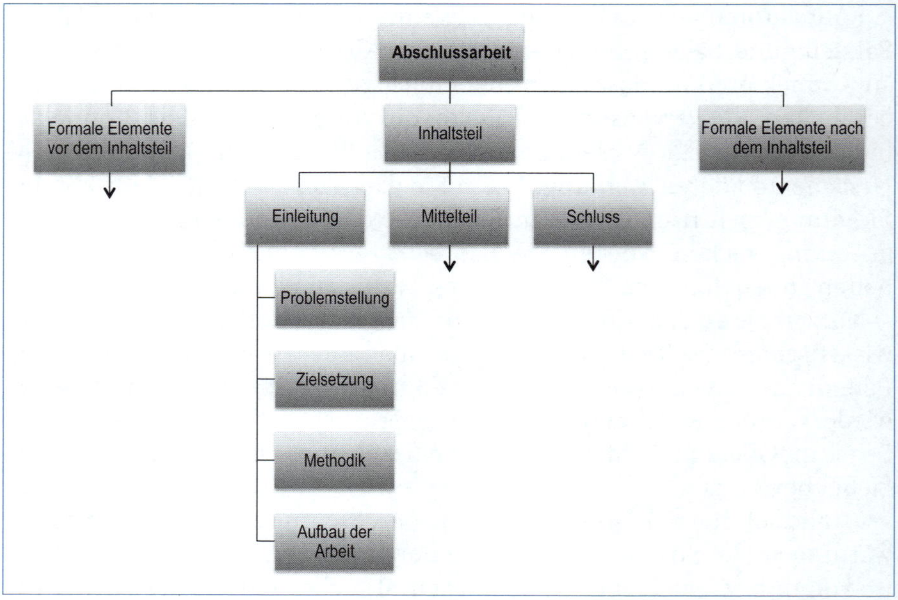

Abb. 13: Grundelemente einer Einleitung

Wenn Sie nun eine Einleitung lesen, markieren Sie am Rand des Textes die Zeilen oder Absätze, in denen der Hintergrund, das Problem, das Ziel und das methodische Vorgehen sowie der Aufbau der Arbeit genannt werden. Sie erhalten so einen besseren Überblick über den Text und können Ihr Textverständnis vertiefen.

4.3.5 Beim Lesen schreiben

Zu guter Letzt: Arbeiten Sie aktiv mit dem Text. **Lesen Sie schreibend!** So verstehen Sie einerseits den Text besser, erkennen Zusammenhänge und Wechselbeziehungen und trainieren zugleich Ihre Schreibfähigkeit.

Tipp

Lesen Sie lange Texte in Etappen.

Schreiben Sie unmittelbar nach dem Lesen des Fachtextes auf, was Ihnen spontan einfällt. Vervollständigen Sie beispielsweise einen der beiden Satzanfänge, ohne erneut im Text nachzuschauen:

- Ich glaube, in dem Text geht es um...
- Wenn ich alles richtig verstanden haben, dann handelt der Text von...

Lesen Sie dann den Text oder Textabschnitt ein weiteres Mal und notieren Sie Korrekturen und Ergänzungen.

Effekt: Sie prägen sich den Inhalt besser ein, überprüfen, ob Sie alles richtig verstanden haben, konzentrieren sich auf das Wesentliche im Text und trainieren Ihr Gedächtnis. Außerdem „zwingt“ die Übung Sie dazu, unmittelbar nach dem Lesen einfach etwas aufzuschreiben, auch wenn es möglicherweise nicht ganz richtig ist.

Visualisieren Sie: Nehmen Sie dazu ein Extrablatt und stellen Sie beispielsweise die Textargumentation oder Abläufe als Fließdiagramm dar, Kategorien und ihre Teileaspekte als Mind-Map (s. Abschn. 5.4.1), Merkmale und Eigenschaften als Tabelle etc.

Effekt: Indem Sie den Text in eine Visualisierung umwandeln, ordnen und sortieren Sie aktiv die enthaltenen Informationen. Durch die Visualisierung werden Ihnen Zusammenhänge klarer. Gleichzeitig lösen Sie sich von dem Wortlaut der fremden Quelle. Das ist die beste Voraussetzung dafür, den Inhalt später mit eigenen Worten wiedergeben zu können.

Kritisieren Sie den Text: AutorInnen von Fachtexten sind zwar ExpertInnen in ihrem Fach, sind aber noch lange keine *professionellen* AutorInnen. Suchen Sie den Text gezielt nach Schwachpunkten ab, die es Ihnen schwer machen, den Text zu verstehen: lange unübersichtliche Sätze, fehlende Erläuterungen zu Fachbegriffen, implizite Argumentationsweise, falsche Grammatik usw.

Effekt: Häufig denken wir, wenn wir einen Fachtext nicht verstehen, das sei unser Fehler. Wir sind eben zu „dumm“ ... Indem Sie gezielt nach Schwachstellen im Text suchen (und sie wahrscheinlich auch finden), entlasten Sie sich selbst. Während Sie die Schwachstellen im Text identifizieren, leisten Sie abermals konstruktive Arbeit am Text. Diese Konstruktionsarbeit hilft Ihnen dabei, den Text schließlich trotz seiner Unzulänglichkeiten zu verstehen.

Optimieren Sie den Text: Formen Sie um, streichen und kürzen Sie und entwerfen Sie Zwischenüberschriften.

Effekt: Die Optimierung eines Fachtextes ist die aktive und konstruktive Fortsetzung der Textkritik. Der Autor hat vergessen, einen Begriff zu de-

finieren? Sie haben ihn nachgeschlagen und ergänzen nun schriftlich am Textrand oder auf einem Extrablatt die Begriffsdefinition. Dadurch lernen Sie einerseits den Begriff selbst und Sie verstehen den Text insgesamt gleich etwas besser.
Der Text enthält viele lange und umständliche Sätze? Formen Sie diese Sätze um und schreiben Sie die neuen, kürzeren Sätze auf.
Beispiele für Textoptimierungen finden Sie in Abschnitt 7.5.

Zugegeben: Schreibend zu lesen kann mühsam sein. Beschränken Sie sich daher auf kurze Textabschnitte. Sie werden aber bald merken, wie Sie Ihren Blick auf Texte und Sprache auf diese Weise trainieren. Damit schaffen Sie eine gute Voraussetzung, selbst mit der Zeit zu einem flüssigen und verständlichen Schreibstil zu finden.

Tipp

Notieren Sie sich beim Lesen Formulierungen, die Ihnen gut gefallen, beispielsweise Einleitungssätze. Sammeln Sie so „Formulierungshilfen“, die Sie später in Ihrer Arbeit verwenden können.

5 Die Materialaufbereitung

Alle Informationen, die Sie sammeln, werten Sie in Hinblick auf Ihre Zielsetzung aus, setzen sie zueinander in Beziehung und strukturieren sie. So geben Sie den Daten, die Sie sammeln, im Rahmen Ihres Schreibprojektes einen neuen Sinn.

Ziel der Materialaufbereitung ist die Gliederung des Materials. Dazu zerlegen Sie das Thema in die für die Zielsetzung wesentlichen Aspekte, ordnen und sortieren sie, bilden Kategorien und identifizieren Zusammenhänge und Wechselwirkungen zwischen diesen Aspekten.

Aufbereiten bedeutet aber auch, sehr umfangreiches Material soweit zu filtern und zu verdichten, dass Zusammenhänge oder Aussagen überhaupt erst deutlich werden.

Sie können dafür nach zwei prinzipiell unterschiedliche Möglichkeiten vorgehen: dem Top-Down- (engl.: von oben nach unten) oder dem Bottom-Up-Prinzip (engl.: von unten nach oben). Bei dem Top-Down-Ansatz füllen Sie Ihre erste grobe Gliederung sukzessiv mit Ihrem Material, bei dem Bottom-Up-Ansatz entwickeln Sie erst aus dem Material die Struktur. In Ihrem Schreibprojekt werden Sie sinnvollerweise beide Ansätze mischen.

Damit Sie den Überblick dabei nicht verlieren, erfassen und dokumentieren Sie Ihre Arbeitsschritte und Ihr Material systematisch und sorgfältig in Protokollen.

Sorgfalt ist besonders auch im Umgang mit Quellen Dritter notwendig. Da dieses Thema im Wissenschaftsbetrieb von großer Bedeutung ist, widmet sich der Abschnitt 5.3 der korrekten Quellenarbeit.

Kreativitätstechniken helfen Ihnen, Ordnung und System in die Materialfülle zu bringen. Besprechungen mit Betreuern oder im Falle einer Gruppenarbeit mit den anderen Teammitgliedern dienen dem internen und externen Controlling in dieser Phase.

5.1 Top Down: von der Struktur zum Material

Grundlage des Top-Down-Ansatzes ist die erste, grobe Gliederung. Sie haben sie bereits zu Beginn des Projektes entwickelt. Diese Gliederung können Sie mit zunehmender Materialsammlung verfeinern und ausdifferenzieren. Je mehr Fachtexte Sie bereits geschrieben oder auch gelesen haben, desto leichter wird Ihnen das fallen. Auch Standardgliederungen können Ihnen dabei helfen, Ihre Gliederung weiterzuentwickeln.

Die erste Gliederung gibt Ihnen zugleich Hinweise, welches Material Sie noch brauchen. Die Materialaufbereitung im Sinne der Strukturierung des Materials wirkt somit direkt auf die Materialsammlung zurück.

Tipp

>> Füllen Sie Ihre Gliederung schon jetzt sukzessive mit Textbausteinen.

5.1.1 Standardgliederungen kennen

Die Überschrift zu diesem Abschnitt ist irreführend: Wie Sie Ihren Text gliedern, hängt vom Thema und der Zielsetzung, von den Konventionen in Ihrem Fachgebiet, von der Textsorte und von der gewählten Methodik ab. Eine allgemein gültige *Standard*gliederung, die für alle Fachtexte und Ihre Abschlussarbeit gleichermaßen gilt, gibt es nicht.

Allerdings gibt es „Erfahrungswerte", mit deren Hilfe Sie Ihre Abschlussarbeit gliedern können (s. Abb. 14). Aus der Schule kennen Sie vielleicht noch die Einteilung von Texten in Einleitung, Mittelteil und Schluss. Diese Einteilung ist jedoch so allgemein, dass sie auf die meisten Textsorten zutrifft, also auch Romane, Briefe etc., ist aber als erste Annäherung hilfreich.

Auch jeder Fachtext beginnt mit einer **Einleitung**. Aus Abschnitt 4.3.4 wissen Sie bereits: In der Einleitung führen Sie die LeserInnen in die Thematik der Arbeit ein und geben einen Überblick über den Inhalt der Arbeit sowie ggf. deren Aufbau. Dazu thematisieren Sie im Allgemeinen kurz Kontext, Problem, Ziel und Vorgehen der Arbeit und geben ggf. einen Überblick über den Aufbau Ihrer Arbeit:

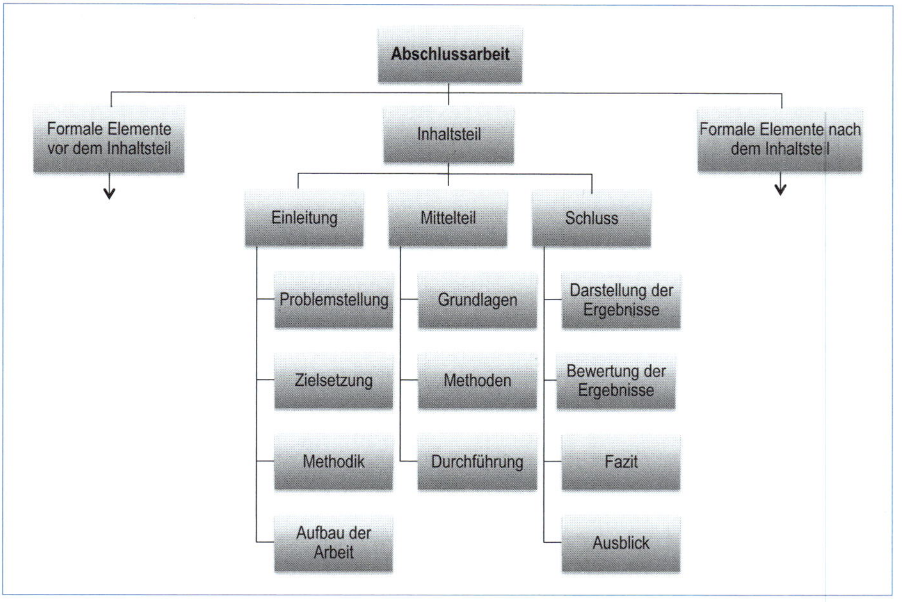

Abb. 14: Mögliche „Standardgliederung" einer Abschlussarbeit

- Mit der Beschreibung des *Kontextes* stellen Sie die sach- und fachbezogene Relevanz dar, die Sie zu der Bearbeitung des Themas geführt hat. Hier geht es auch darum, die Arbeit in einen größeren Zusammenhang einzuordnen.
- Aus der Darstellung des Kontextes und damit der Relevanz Ihres Themas ergibt sich dann folgerichtig die konkrete Fragestellung bzw. die *Problemstellung* Ihres Schreibprojektes.
- Auf die konkrete Problemstellung folgt die ebenso konkrete und präzise *Zielsetzung* des Schreibprojektes und schließlich die Beschreibung des (je nach Fachgebiet und Thema) methodischen *Vorgehens*. Bei umfangreicheren Arbeiten können Sie einen Überblick über den *Aufbau* der gesamten Arbeit anschließen.

Mit Hilfe der folgenden Leitfragen können Sie Ihre Einleitung weiter untergliedern:

Leitfragen zum Aufbau der Einleitung

Kontext

- Was ist der wissenschaftliche bzw. fachliche, gesellschaftliche, historische, rechtliche Kontext oder Hintergrund des Themas?
- Was ist der aktuelle Anlass des Themas?
- In welches Fachgebiet fällt das Thema?
- Wie sieht der Stand der Technik oder der Forschung aus?
- Welche zentralen Begriffe gibt es in der Arbeit und wie werden sie definiert?

Problemstellung

- Was ist das konkrete Problem/die konkrete Problemstellung?
  Alternativ:
- Welche Fragestellung soll in der Arbeit beantwortet werden?
- Welche Hypothese soll belegt oder widerlegt werden?

Zielsetzung

- s. ausführlich hierzu Abschnitt 3.2.1.

Methodisches Vorgehen

- Welches Verfahren, welche Methode wird angewendet und warum?
- Wie sieht der Versuchsaufbau aus, wie das Forschungsdesign?

Aufbau der Arbeit

- Wie ist die Arbeit aufgebaut, welche Teile oder Kapitel enthält sie?
- Wie sieht die Arbeit im Überblick aus?
- Wie ist die Argumentationslinie der Arbeit?

Wichtig: Sie müssen nicht alle Fragen bearbeiten und oft reicht es auch, wenn Sie sie nur sehr kurz beantworten. Ausführlich werden Sie erst in den folgenden Abschnitten.

Im **Mittelteil** beschreiben Sie Ihren Untersuchungsgegenstand und alles, was zum Verständnis der Arbeit an Hintergrundinformationen notwendig ist, beispielsweise alle Begriffsbestimmungen, Definitionen und Eingrenzungen des Untersuchungsgegenstandes. Weiterhin beschreiben Sie die Methode, mit der Sie gearbeitet haben und wie Sie vorgegangen sind. Entsprechend können Sie den Mittelteil in einen Grundlagen- oder auch Theorieabschnitt sowie einen Durchführungsabschnitt einteilen:

- Im Abschnitt **Grundlagen** vermitteln Sie zunächst alle Wissensgrundlagen, die Ihren LeserInnen ermöglichen, die weitere Arbeit zu verstehen. Sie ordnen beispielsweise Ihr Thema in den Wissenschaftszusammenhang ein, indem Sie Erkenntnisse aus anderen Arbeiten und Studien darstellen. Je nach Thema geben Sie in diesem Abschnitt einen Überblick über die Ihrer Arbeit zu Grunde liegende Theorie sowie den Stand des Wissens bzw. der Forschung und Technik. Dazu beschreiben Sie beispielsweise verwandte Arbeiten oder auch Arbeiten, die das gestellte Problem auf andere Weise oder ähnliche Probleme auf gleiche Art lösen.

- Der Abschnitt **Durchführung** ist eng an die für die Arbeit verwendete Methodik gebunden: Hier stellen Sie dar, wie Sie an das in der Einleitung dargestellte Problem herangegangen sind und beschreiben Ihre Untersuchungen, Messungen, Berechnungen sowie die verwendeten Materialien, Geräte, Methoden sowie auch die konkrete Durchführung eventueller Experimente und Untersuchungen.

In Abschnitt 4.1 haben Sie an dem Beispiel der Methode Ökobilanz gesehen, wie die Wahl der fachlichen Methode die Gliederung der Abschlussarbeit beeinflusst. Gliedern Sie daher Ihren Durchführungsteil entlang Ihres methodischen Vorgehens.

Tipp

Unterteilen Sie alle Abschnitte in Unterabschnitte und geben ihnen schon jetzt vorläufige Zwischenüberschriften.

Der Übergang vom Mittelteil zum Schlussteil ist fließend: Im **Schlussteil** stellen Sie Ihre Ergebnisse und deren Bewertung und Diskussion dar und formulieren ein Fazit sowie möglicherweise auch einen Ausblick.

Tipp

Achten Sie schon jetzt darauf, dass Sie die Darstellung der Ergebnisse klar von deren Interpretation und Bewertung trennen, entweder in verschiedenen Abschnitten oder in verschiedenen Absätzen.

Stellen Sie zunächst in einem Abschnitt alle für Ihre Zielsetzung relevanten **Ergebnisse** sachlich dar, und zwar systematisch, kurz und repräsentativ. Welche Ergebnisse relevant sind, ergibt sich aus Ihrer Zielsetzung bzw. der Fragestellung sowie der verwendeten Methode.

In dem Abschnitt **Bewertung und Diskussion** setzen Sie sich kritisch mit den Ergebnissen auseinander. Kritisch bedeutet, dass Sie einen Zusammenhang zwischen der Zielsetzung Ihrer Arbeit und Ihren konkreten Ergebnissen herstellen und die Ergebnisse in Bezug auf die Zielsetzung einordnen.

Tipp

» Greifen Sie die Zielsetzung im Schlussteil noch einmal auf. So können Sie direkt an die Formulierung anknüpfen.

Stellen Sie in diesem Abschnitt auch Ihre Schlussfolgerungen aus den Ergebnissen dar und nennen Sie die Konsequenzen für Ihre Arbeit.

Anregungen für die Bewertung und Diskussion der Ergebnisse

- Vergleichen Sie die Ergebnisse sowohl untereinander als auch mit Ergebnissen aus der Literatur: Wo sind Gemeinsamkeiten, wo sind Unterschiede? Besonders interessieren im Allgemeinen die Unterschiede.
- Schätzen Sie mögliche Fehler bei den Ergebnissen ab: Wie aussagesicher sind die Ergebnisse? Beschreiben Sie auch mögliche Fehlerquellen und methodische Mängel.
- Diskutieren Sie die Übertragbarkeit der Ergebnisse. Beschreiben Sie deren Gültigkeitsbereich und mögliche Einschränkungen der Übertragbarkeit.

In dem Abschnitt **Fazit** können Sie die gesamte Arbeit noch einmal „kritisch kommentierend" nachvollziehen. Nennen Sie dazu erneut kurz die Problemstellung und die Zielsetzung, dann – ebenfalls kurz – die Schritte zur Problemlösung und legen Sie dann den Fokus auf Ihre Ergebnisse.

Einleitung und Fazit bilden gemeinsam sozusagen den Rahmen Ihrer Arbeit. In der Einleitung haben Sie eine Zielsetzung formuliert. In dem Fazit stellen Sie zusammenfassend dar, inwiefern das Ziel erreicht wurde. Sie können ebenfalls den Nutzen Ihrer Arbeit kurz darstellen.

Im **Ausblick** schließlich öffnen Sie Ihre Arbeit für die Fachwelt bzw. die *scientific community*. Niemand erwartet von Ihnen, dass Sie ein Thema in Ihrer Arbeit erschöpfend bearbeiten. Sie müssen sich immer begrenzen. Daher ist es normal, dass Fragen in Ihrer Arbeit unbeantwortet bleiben und auch neue Fragen im Verlauf Ihres Schreibprojektes auftauchen. Im Ausblick stellen Sie daher den weiteren Forschungsbedarf dar, z. B. indem Sie die offenen Fragen nennen sowie Perspektiven auf zukünftige Arbeiten zu dem gleichen Thema eröffnen.

Dadurch bekommt der Ausblick auch die Funktion, Ihre Arbeit gegen Kritik abzusichern. Im Ausblick zeigen Sie, dass Sie mögliche Kritikpunkte an Ihrer Arbeit sehen und berücksichtigt haben.

5.1.2 Gliederungen als Wegweiser für die Materialsammlung nutzen – ein Beispiel

Nutzen Sie die Gliederung Ihrer Abschlussarbeit auch als Wegweiser für Ihre Materialsammlung: Sobald Sie eine – zumindest ungefähre – Vorstellung davon haben, aus welchen inhaltlichen Bausteinen sich Ihre Arbeit zusammensetzen soll, bekommen Sie auch eine Idee davon, welches Material Sie überhaupt benötigen.

Wechseln Sie dazu einige Male zwischen der Schreiber- und der Leserrolle. Überlegen Sie: Was würden Sie als Leser, als Leserin Ihrer Arbeit erwarten? Und was bedeutet das für Sie als Schreiber, als Schreiberin? Wie das funktionieren kann, zeigt das folgende Beispiel:

Nehmen wir noch einmal die Handtrockensysteme. Sie erinnern sich: Die Handtrockensysteme sollen nach ökologischen und ökonomischen Kriterien verglichen werden.

Als *Leser* wünschen Sie sich zunächst einen kurzen Überblick über die möglichen Methoden, mit denen die Zielsetzung ‚ökologischer und ökonomischer Vergleich“ theoretisch erreicht werden kann. Denn Sie möchten die Methode, die dann tatsächlich verwendet wird, in einen größeren Zusammenhang einordnen können.

Für Sie als *Schreiber* bedeutet das: Sie suchen nun in der Literatur verschiedene Methoden, mit denen Sie die Zielsetzung erreichen können. Zum Beispiel gibt es neben der Ökobilanz auch noch den Ökologischen Fußabdruck, den Sustainable-Value-Ansatz oder die Produktlinienanalyse. Diese Methoden stellen Sie in Ihrem Text kurz dar.

Als *Leser* haben Sie nun einen Überblick über die möglichen Methoden. Jetzt wüssten Sie gern, welche Methode für die Arbeit ausgewählt wurde und warum.

Als *Schreiber* stellen Sie also die Eignung der gewählten Methode für die Zielsetzung dar und auch, was die Methode im Vergleich zu den anderen Methoden leistet.

Dafür müssen Sie sich mit der Methode Ökobilanz nun intensiver auseinandersetzen. Sie finden in der Bibliothek ein Buch über die Methode sowie entsprechende DIN-Normen. Sie suchen in diesem Buch oder in den Normen Textstellen, mit denen Sie belegen können, dass Ihre Methode geeignet ist. Sie finden außerdem ein Überblickwerk, in dem die verschiedenen anderen Methoden dargestellt sind. In diesem Werk suchen Sie nach Textstellen, mit denen Sie belegen können, dass die anderen Methoden sich nicht eignen.

Zur besseren Übersicht stellen Sie in einer Tabelle die verschiedenen Methoden, ihre Einsatzbereiche und Randbedingungen dar.

Stellen Sie sich anhand Ihrer ersten Gliederung einen **Recherche-Fahrplan** (s. Abb. 15) zusammen. Vermerken Sie in diesem Fahrplan auch, wo und wie Sie das Material in Ihrem Text verwenden wollen. Machen Sie Recherche-Fahrpläne jedoch nur für kurze Textabschnitte, nicht für die ganze Arbeit!

Ihre LeserInnen ...	**„To-do-Liste" für Sie ...**	**Im Text ...**
? brauchen Überblick über mögliche Methoden, mit denen die Zielsetzung erreicht werden könnte. ? möchten die verwendete Methode in größeren Zusammenhang einordnen.	☑ In Überblicks-Literatur verschiedene Methoden suchen, mit denen die Zielsetzung erreicht werden kann	✎ zählen Sie kurz die verschiedenen Methoden auf.
? wollen wissen, welche Methode für die Arbeit ausgewählt wird und warum.	☑ In einem Fachbuch oder z. B. einschlägigen DIN-Normen gezielt nach Informationen suchen, die belegen, dass die Methode für Ihre Zielsetzung geeignet ist	✎ beschreiben Sie die ausgewählte Methode. ✎ erläutern Sie, warum sich die Methode für die Zielsetzung eignet. ✎ erklären Sie, was die Methode im Vergleich zu den anderen Methoden leistet.

Abb. 15: Recherche-Fahrplan – Beispiel

5.2 Bottom-Up: das Material protokollieren, strukturieren und verdichten

Oft können Sie aus der Grobstruktur erst eine detaillierte Feingliederung entwickeln, wenn Sie bereits Material gesammelt haben. Bei dem Bottom-Up-Ansatz sichten Sie daher zuerst Ihr Material und entwickeln dann aus dem Material Kategorien, nach denen Sie Ihr Material ordnen.

Dafür brauchen Sie Werkzeuge, mit denen Sie Ihr Material bereits bei der Sammlung systematisch so erfassen, dass Kategorien, Gemeinsamkeiten und Unterschiede erkennbar werden.

Mit Hilfe von Visualisierungen verdichten Sie umfangreiches Zahlenmaterial und klären für sich und Ihre LeserInnen komplexe Zusammenhänge.

In Versuchs- und Gesprächsprotokollen sowie Exzerpten erfassen Sie Informationen in formalisierter Weise.

5.2.1 Komplexe und umfangreiche Informationen verdichten: Visualisierungen

Möglicherweise stellen Sie beim Anblick Ihres Primärmaterials, also Ihrer Rohdaten fest, dass Sie sehr viele Daten haben. Es graut Ihnen schon jetzt davor, diese im Text darstellen zu müssen. Was können Sie tun? Ganz einfach: Visualisieren Sie Ihre Daten!

Versuchen Sie jedoch auf keinen Fall, visuell „das Rad neu zu erfinden". Verschiedene Fachdisziplinen und verschiedene Sachverhalte erfordern bestimmte Darstellungsweisen und –konventionen.

Tipp

>> Achten sie bereits in der Materialsammlungsphase darauf, welche Darstellungsweisen Ihnen in der Literatur „begegnen".

Software nimmt Ihnen die Visualisierungsarbeit teilweise per „Mausklick" ab. So können Sie beispielsweise mit dem Tabellenkalkulationsprogramm Excel umfangreiche Datenbestände mit Hilfe von Sortier-, Gruppier- und Filterfunktionen auswerten und in Diagrammen grafisch darstellen.

Tipp

>> Fragen Sie Ihren Betreuer oder Ihre Betreuerin nach geeigneter Visualisierungssoftware.

Denken Sie schon jetzt daran: Alle Visualisierungen müssen in den Text integriert werden! Jede Visualisierung soll zwar „aus sich heraus“ verständlich sein, muss aber im Text ergänzt und erläutert werden.

Beispielsweise haben Sie Daten mit Excel in einer Tabelle erfasst und bereits in ein Diagramm umgewandelt. Dieses Diagramm werden Sie zu einem späteren Zeitpunkt in den Text einfügen. Schreiben Sie schon jetzt zu dem Diagramm einen Textbaustein:

Textbaustein zu Abbildungen und Diagrammen

- Beschreiben Sie das Diagramm kurz: Was soll es zeigen? Was ist wichtig?
- Fügen Sie in den Text einen Verweis auf das Diagramm ein (s. Formulierungshilfen 7.3.2).
- Das Diagramm erhält eine nummerierte Beschriftung. Wenn Ihnen noch keine aussagekräftige Beschriftung einfällt, setzen Sie einen „Platzhalter“ an die Stelle.
- Speichern Sie dann Diagramm und Textbaustein zusammen unter einem eindeutigen Dateinamen in Ihrer Ordnerstruktur auf dem PC ab.

Wie ein solcher Textbaustein zu einer Tabelle im fertigen Text aussehen kann, zeigt das folgende Beispiel aus einem Bericht zu *Vorbehandlungsverfahren für metallische und nicht-metallische Oberflächen:*

Angaben zu Säurekonzentration, Temperaturbereich und Beizdauer für das Beizen von Stahl enthält Tabelle 3.8-1. (...)
Tabelle 3.8-1: In der Literatur angegebene Säurekonzentration, Temperatur und Dauer beim Beizen von Stahl mit Salzsäure vor dem Galvanisieren und Lackieren

Parameter	*Beizen vor Galvanisieren [247, S. 591]*	*Beizen vor Galvanisieren [71, S. 180]*	*Beizen vor Lackieren [140]*
Säurekonzentration	*12-24 %*	*10-20 %*	*10-15 %*
Temperaturbereich	*Raumtemperatur*	*20-35° C*	*20-25° C*
Beizdauer	*20-60 min*	*5-60 min*	*1-15 min*

In der Praxis können die Werte von den in der Tabelle 3.8-1 angegebenen abweichen.(...).

Tipp

Ihre umfangreichen Rohdaten können Sie in den **Anhang** Ihrer Arbeit auslagern; sehr umfangreiches Datenmaterial können Sie auch auf einer CD der Arbeit beilegen.

5.2.2 Experimente protokollieren: Versuchsprotokolle

Wahrscheinlich kennen Sie sie schon aus den Physik- oder Chemiepraktika in Ihrem Grundlagenstudium: Versuchsprotokolle! In Ihrem Schreibprojekt dokumentieren Sie in Protokollen fortlaufend Ihre Experimente, Beobachtungen, Ergebnisse von Befragungen etc.

Im Berufsleben begegnen Ihnen ähnliche Protokolle wieder, beispielsweise in der betrieblichen Qualitätssicherung, wenn es darum geht, eventuelle Qualitätsmängel an Produkten auf deren Ursache zurückführen zu können.

In Protokollen stellen Sie dar, *wie* Sie *welche* Rohdaten gewonnen haben: Ihre Versuchsprotokolle enthalten Angaben zur methodischen Vorgehensweise und die Ergebnisse, die Sie gewonnen haben. Weiterhin müssen Sie notieren, was nicht funktioniert hat, d. h. auch eventuelle Störgrößen.

In Protokollen erfassen Sie nur beobachtbare, messbare Phänomene. Ihre persönlichen Schlussfolgerungen notieren Sie zusätzlich, müssen Sie also klar von der faktischen Beobachtung trennen.

Bausteine des Versuchsprotokolls

Kopf:

- Bezeichnung der Untersuchung/des Versuchs und laufende Nummer
- Datum, Uhrzeit, Ort der Untersuchung/Beobachtung
- Name der durchführende(n) Person(en)
- Seitennummerierung und gesamte Seitenzahl

Geräte, Materialien, Hilfsmittel:

- verwendete Handelsprodukte (z. B. Chemikalien, Lösungsmittel) und deren Merkmale (z. B. Reinheitsgrade)

- Herkunftsbezeichnungen nichtkommerzieller Materialien und deren Spezifikationen

Versuchsmedien:
- Probematerial (z. B. Alter, Herkunft, Angaben zu Transport und Lagerung...)
- Versuchsorganismen (z. B. Gattung, Spezies, Alter...)

Versuchsaufbau, -design:
- Messgeräte (mit Skizze)
- Apparate und Versuchsanordnungen (mit Skizze)

Versuchsdurchführung:
- vorbereitende Maßnahmen aller Art (z. B. Reinigung von Ausgangsstoffen)
- Hinweise zur Probenahme (z. B. Zeitpunkt der Probenahme, Probenehmer)
- Beabsichtigte Abweichungen von der Versuchsvorschrift

Messergebnisse:
- Messwerte, tabellarisch erfasst
- Sonstige Beobachtungen in verbaler Form

Umgebungs- und mögliche Störgrößen:
- äußere Bedingungen (z. B. Temperatur, Luftdruck oder -feuchte)
- Fehler bei der Durchführung
- Unbeabsichtigte Abweichungen von der Versuchsvorschrift

Verwendete Literatur:
- Prüfvorschriften
- Normen (DIN, ISO etc.)

Bereiten Sie vor Ihren Experimenten Erfassungsformulare vor. Diese helfen Ihnen dabei, Vorgehensweise, Ergebnis und Schlussfolgerung klar zu trennen. Halten Sie außerdem zusätzlich Papier bereit, auf dem Sie sich Notizen machen können. Beschriften Sie jedes Extrablatt so, dass Sie später noch erkennen können, worauf sich die Informationen auf dem Extrablatt beziehen.

Nutzen Sie auch **technische Hilfsmittel**: Fotografieren Sie, machen Sie Audio-Aufzeichnungen, filmen Sie, wo immer es der späteren Rekonstruktion Ihres Vorgehens dienlich ist. Beachten Sie dabei jedoch Persönlichkeitsschutz oder Geheimhaltungsklauseln!

Vielleicht hilft es Ihnen auch, Bemerkungen zur Versuchsdurchführung auf ein Diktiergerät zu sprechen. Das hat den Vorteil, dass Sie später „das

Eigene“ klar von den Fakten im Protokoll trennen können. Im Handel gibt es leistungsfähige Diktiergeräte, die nicht teuer sind. Die Anschaffung lohnt sich.

Tipp

Schreiben Sie das Versuchsprotokoll sofort, nachdem Sie den Versuch durchgeführt haben. Dann ist die Erinnerung noch „frisch“.

Verfassen Sie jedes Versuchsprotokoll stets so, dass ein Experte oder eine Expertin aus Ihrem Fachgebiet mit Hilfe des Protokolls den Versuch – zumindest theoretisch – wiederholen könnte.

Versuchsprotokolle schreiben – leicht gemacht

- Schreiben Sie das Versuchsprotokoll im Präsens.
- Es gibt keine feste Seitenanzahl: Wie lang Ihr Versuchsprotokoll wird, hängt von dem Versuch ab. Allgemein gilt: So viel wie nötig, so wenig wie möglich.
- Gliedern Sie Ihre Protokolle übersichtlich.
- Notieren Sie persönliche Wertungen, Schlussfolgerungen und Ergänzungen auf einem eigenen Blatt oder unter einer eigenen Überschrift. Trennen Sie unbedingt faktische Beobachtung und persönliche Schlussfolgerung!
- Verfassen Sie Teile des Protokolls in Stichworten oder in Listen.
- Wenn Sie Abkürzungen verwenden, sollten diese sinnvoll und (nicht nur Ihnen) bekannt sein. Führen Sie ggf. ein Abkürzungsverzeichnis, damit auch Dritte zu einem späteren Zeitpunkt die Abkürzungen nachvollziehen können.
- Erfassen Sie Messwerte in Tabellen. Bereiten Sie die Tabellen schon vor dem Experiment vor.

Protokolle liefern Ihnen nur wenig Textbausteine. Trotzdem fließen Teile der Protokolle in Ihren späteren Text ein:

- Im Durchführungsteil verwenden Sie die Angaben zum Versuchsaufbau, geben die einzelnen Schritte der Durchführung wieder und nennen die Messdaten, die Sie aufnehmen wollen.

- In den Auswertungsteil übernehmen Sie die Messdaten und werten sie aus. Mit den aus der Theorie hergeleiteten Formeln bestimmen Sie die unbekannten Größen des Versuches.
- Im Diskussionsteil diskutieren Sie die gewonnen Ergebnisse. Sie betrachten die möglichen Fehler und Fehlerquellen und wie sie sich auf die Ergebnisse auswirken könnten.

5.2.3 Gelesene Texte protokollieren: Exzerpte

In Exzerpten (von exzerpieren, lat.: „herausklauben, auslesen") halten Sie Informationen und Zitate aus fremden Quellen fest, die später in Ihren eigenen Text einfließen sollen. Mit Hilfe von Exzerpten verdichten Sie Informationen aus den Quellen Dritter und ordnen sie systematisch in Ihren eigenen Textzusammenhang ein.

Tipp

>> Unterteilen Sie lange Texte in Abschnitte und schreiben Sie das Exzerpt abschnittsweise.

Schreiben Sie das Exzerpt sofort, nachdem Sie den Text gelesen haben.

In der sprachlichen Gestaltung Ihrer Exzerpte haben Sie freie Hand. Notieren Sie beispielsweise

- prägnante Aussagen als wortwörtliche Zitate
- größere Zusammenhänge und längere Textpassagen als sinngemäße Wiedergaben (Paraphrasen) in ganzen Sätzen
- eigene Anmerkungen, Kritik oder Erkenntnisse in Stichworten

Wie Sie Ihre Exzerpte strukturieren, entscheiden Sie. Diese Elemente sind sinnvoll:

Bausteine des Exzerptes

- vollständige bibliographische Angaben
- Angaben zum Standort
- Zitate, Abbildungen, Tabellen
- Ihre eigenen Anmerkungen, Kommentare und Gedanken:
  - die Fragestellung, unter der Sie die Quelle auswerten
  - mögliche Kategorien, in die Sie die Informationen einteilen
  - Einordnung in Ihre vorläufige Gliederung

Die Reihenfolge und Anordnung dieser Elemente ist nicht wichtig.

Besonders prägnante Formulierungen in der fremden Quelle, z. B. Definitionen, können Sie wortwörtlich zitieren, also im genauen Wortlaut (d. h. auch mit eventuellen Rechtschreibfehlern in der Originalquelle). Setzen Sie die wörtlichen Zitate außerdem in Anführungszeichen und notieren Sie direkt im Anschluss die Seitenzahl.

Wichtig: Notieren Sie die Seitenzahlen auch, wenn Sie eine Information oder Textstelle nur sinngemäß, also mit eigenen Worten, wiedergeben. Wesentlich ist, dass Ihnen schon an dieser Stelle bewusst ist, dass Sie Informationen aus fremden Quellen übernehmen und diese Quellen immer korrekt angeben müssen.

Ergänzen Sie Ihre Exzerpte auch mit eigenen Anmerkungen. Notieren Sie ebenfalls die Fragestellung, unter der Sie die Quelle lesen. Vermerken Sie auch den Abschnitt in Ihrer schriftlichen Arbeit, in dem sie die Information später verwerten wollen.

Trennen Sie optisch die eigenen Anmerkungen unbedingt von den Informationen aus den fremden Quellen! Notieren Sie Ihre Anmerkungen entweder unter einer eigenen Zwischenüberschrift oder in einer anderen Farbe, damit Sie Ihre Anmerkungen zu einem späteren Zeitpunkt nicht mit den Informationen aus der fremden Quelle verwechseln.

Werden in einem Text weitergehende Quellen zitiert, die Ihnen interessant erscheinen, können Sie diese Quellen ebenfalls auf dem Exzerpt notieren.

Finden Sie verschiedene Texte mit unterschiedlichen Informationen, Daten oder Aspekten zu einem gleichen oder ähnlichen Sachverhalt, können Sie die Informationen in einer so genannten **Synopse** (von griech.-lat.: „Zusammenschau“) zusammenfassen oder vergleichen. Listen Sie z. B. in Form einer Tabelle Informationen zu einer Fragestellung aus verschiedenen Quellen auf und stellen Sie sie auf diese Weise gegenüber.

Die Fragestellung, die der folgenden Synopse zu Grunde liegt, lautet: Welche Angaben machen verschiedene Autoren zum Beizen von Stahl mit Salzsäure als Vorbehandlung vor dem Galvanisieren oder Lackieren? Das Beispiel und die Quellenangaben sind einem Bericht über *Vorbehandlungsverfahren für metallische und nicht-metallische Oberflächen* (s. auch Abschn. 5.2.1) entnommen.

Synopse – Beispiel

Bibliographische Angaben	Inhalt plus Seitenangabe
Jelinek, T.W.: Branchenführer Galvanotechnik: Ein Nachschlagewerk für galvanische Betriebe und für Anwender galvanisierter Überzüge. Saulgau/Württ.: Leuze, 1995.	Beizen vor Galvanisieren: Konzentration HCl 12-24 %, bei Raumtemperatur, Beizdauer 20-60 min [vgl. S. 591]
Autorenkollektiv: Galvanotechnisches Fachwissen/Federführung Strauch, A. Leipzig: VEB Deutscher Verlag für Grundstoffindustrie, 1990.	Beizen vor Galvanisieren: Konzentration HCl 10-20 %, bei 20-35° C, Beizdauer 5-60 min [vgl. S. 180]
Fiedler, K.: Die Vorbehandlung von Metallen vor der Lackierung. Frankfurt/M.: Chemetall GmbH, o.J.	Beizen vor Lackieren: Konzentration HCl 10-15 %, bei 20-25° C, Beizdauer 1-15 min [vgl. S. 140]

Sorgfalt und Genauigkeit beim Exzerpieren erleichtern Ihnen später die Arbeit beim Verfassen Ihres Textes.
Archivieren Sie Ihre Exzerpte sorgfältig. Damit ersparen Sie sich später das zeitaufwändige Suchen. Einige elektronische Literaturverwaltungsprogramme finden Sie in der Übersicht in 3.4.

5.3 Essentiell: korrekt zitieren!

2011 legte der amtierende Verteidigungsminister Karl-Theodor zu Guttenberg seine politischen Ämter nieder, nachdem die Universität Bayreuth ihm zuvor den Doktorgrad aberkannt hatte. Guttenberg stand unter dem Verdacht, große Teile seiner Dissertation aus fremden Quellen abgeschrieben zu haben, ohne die Quellen zu nennen. Verschiedene weitere Fälle, in denen die Dissertationen von Politikern und Politikerinnen in den Fokus gerieten, zeigen, dass ein guter Ruf auch dann auf dem Spiel steht, wenn lediglich unkorrekt zitiert wurde.

Es fällt auf, dass die „überführten“ Politiker und Politikerinnen beteuern, nach bestem Wissen gehandelt zu haben. Rund um das Thema Zitieren gibt es auch bei vielen Studierenden eine Reihe von Unklarheiten und Missverständnisse.

In den folgenden Abschnitten erfahren Sie daher mehr über Begriffe und einfache Grundregeln des Zitierens, die Gestaltung der Quellenverweise im Text sowie der Vollbelege im Literaturverzeichnis.

5.3.1 Zitate und Quellenangaben: Grundregeln und Begriffe

Die erste Grundregel des Zitierens lautet:
Geben Sie zu allen Informationen aus Quellen Dritter die Quellen an.
Diese Informationen umfassen in ingenieurwissenschaftlichen Texten neben wortwörtlichen Textstellen auch Zahlenangaben und Daten, Abbildungen und Tabellen, Definitionen, Gleichungen und Formeln usw.

Der Zitatbegriff ist in ingenieurwissenschaftlichen Arbeiten also umfassender als im allgemeinen Sprachgebrauch, wo wir unter einem Zitat (von lat. citatum, „das Angeführte/Aufgerufene“) eine wortwörtliche übernommene Textstelle aus einem fremden Text verstehen.

Informationen aus Quellen Dritter brauchen Sie immer dann, wenn Sie diese nicht selbst erheben können oder wollen. Oder Sie stellen in so genannten Literaturarbeiten Informationen aus Quellen Dritter zu bestimmten Fragestellungen zusammen und werten Sie aus. Möglicherweise möchten Sie auch Ihre Ergebnisse mit Ergebnissen aus vorhergehenden Studien vergleichen.

Tipp

>> Das korrekte Belegen und Archivieren der verwendeten Quellen ist Teil der Dokumentation und gehört zur Ingenieurarbeit.

Nun können Sie die folgenden Übungsfragen sicherlich leicht beantworten:

Übung

Ich habe Informationen aus dem Internet kopiert und in meinen eigenen Text eingefügt. Muss ich die Quelle, also die Internetseite, auf der ich die Information gefunden habe, angeben?

Lösung

Quellenangaben sind immer notwendig, unabhängig von der Art der Quelle. Es müssen *alle* Quellen angegeben werden, nicht nur Literaturquellen, sondern auch Internetquellen.

Setzen Sie jedoch Ihre Abschlussarbeit nicht aus „Copy-and-Paste“-Fragmenten aus dem Internet zusammen. Selbst wenn Sie die Quellen korrekt angeben: Ihre Eigenleistung in einer solchen Arbeit ist nur gering.

Übung

Ich habe einen Text aus einer fremden Quelle mit eigenen Worten zusammengefasst. Muss ich nun auch die Quelle angeben?

Lösung

Ja, denn es geht um die Information und nicht darum, wie Sie die Information formulieren.

Sie müssen die Quelle auch angeben, wenn Sie fremde Formulierungen mit Ihren eigenen Worten mischen oder wenn Sie einen Text beispielsweise aus dem Englischen übersetzen.

Übung

Der 1. Hauptsatz der Thermodynamik zählt zum ingenieurwissenschaftlichen Grundlagenwissen. Muss ich die Quelle, aus der ich den 1. Hauptsatz habe, auch angeben?

Lösung

Wissen aus dem ingenieurwissenschaftlichen Grundlagenstudium brauchen Sie im Allgemeinen nicht mit Quellen zu belegen. Wenn Sie sich jedoch nicht sicher sind, geben Sie die Quelle einfach an. Damit machen Sie nichts falsch.

Beachten Sie aber: Wenn etwas offenbar zum Allgemeinwissen gehört, so dass Sie meinen, jeder wisse es, sollten Sie überdenken, ob Sie die Information tatsächlich brauchen, denn Trivialitäten will niemand lesen.

Wie aber geben Sie die Quellen korrekt an? Ein vollständiges „Zitat" besteht aus drei Elementen:

Elemente eines Zitates

1. Die übernommene Information im Text:
   Sie können eine Information aus einer fremden Quellen verändert oder mit eigenen Worten in Ihren Text einarbeiten (= indirektes Zitat). Sie können die Informationen auch unverändert oder wortwörtlich übernehmen (= direktes Zitat).
2. Ein Quellenverweis unmittelbar neben der Information:
   Der Quellenverweis kann als Kurzbeleg, Fußnote oder Nummer eingefügt werden (s. Abschn. 5.3.2).
3. Ausführliche Quellenangaben im Literaturverzeichnis („Vollbeleg"):
   Wie der Vollbeleg ausgeführt wird, hängt von der Art der Quelle und von individuellen Vorlieben und Konventionen ab (s. Abschn. 5.3.3).

Zwischen diesen Elementen besteht ein Verknüpfungszusammenhang: Das Zitat ist über den Quellenverweis im Text mit dem Vollbeleg im Literaturverzeichnis verknüpft.

Aus diesem Verknüpfungszusammenhang ergibt sich die zweite Grundregel des Zitierens:
Positionieren Sie die Quellenverweise in Ihrem Text eindeutig.
Das bedeutet: An jeder Stelle in Ihrem Text müssen Ihre LeserInnen klar erkennen können, welche Informationen von Ihnen stammen und welche aus Quellen Dritter. Verbinden Sie dazu die übernommene Information eindeutig mit dem Quellenverweis. Das heißt: Wenn Ihre LeserInnen in Ihrem Text eine Information lesen, können sie diese Information sofort eindeutig dem entsprechenden Quellenverweis im Text zuordnen. Wenn sie umgekehrt einen Quellenverweis sehen, finden sie im Text sofort die entsprechende Information. Quellenverweis und Information beziehen sich in beide Richtungen aufeinander: von der Information zum Verweis und umgekehrt.

Wenn Ihnen dieser Verknüpfungszusammenhang klar ist, werden Sie auch die folgenden Fragen leicht beantworten können.

Übung

Ich habe Informationen aus einem Aufsatz mit eigenen Worten in einem längeren Absatz in meinem Text wiedergegeben. Mein Betreuer sagt, dass es nun reicht, wenn ich den Quellenbeleg ganz am Ende des Absatzes nach dem Punkt angebe: Der Quellenbeleg beziehe sich dann auf den gesamten Absatz. Stimmt das?

Lösung

Nein! Die Regel „Kurzbeleg hinter dem Satzzeichen bedeutet, dass der Kurzbeleg sich auf den gesamten Absatz bezieht" hält sich zwar hartnäckig, ist aber falsch.

Das Problem bei dieser Vorgehensweise ist, dass Ihre LeserInnen nicht klar erkennen können, wo die Information aus der fremden Quelle genau beginnt. Das ist kein großes Problem, wenn der Absatz sehr kurz ist, wird aber schwierig, wenn er lang ist, denn Ihre LeserInnen lesen wissenschaftliche Texte oft nur selektiv.

Beziehen Sie sich in einer längeren Textpassage immer wieder auf die gleiche Quelle, reicht es also nicht aus, wenn Sie den Kurzbeleg am Ende der Textpassage einmalig anführen, denn so wird nicht eindeutig klar, welche Informationen sich genau auf die Quelle beziehen und welche nicht. Eindeutiger wird es, wenn Sie die Textpassage beispielsweise nach folgendem Muster einleiten:

MUSTERQUELLE (20xx) führte Untersuchungen auf der Basis von Interviews zum Verhalten von Autofahrerinnen in Stresssituationen durch.

Es könnte nun eine Reihe von Informationen aus MUSTERQUELLE 2011 folgen. Jede einzelne Information kennzeichnen Sie dann mit der Seitenzahl wie in den folgenden Beispielen:

- „Information 1" (S. 17), wenn Sie die Information von der Seite 17 wortwörtlich übernommen haben,
- Information 2 (vgl. S. 19), wenn Sie die Information von der Seite 19 mit eigenen Worten übernommen haben.

Oder Sie wiederholen bestimmte Schlüsselwörter, die Ihren LeserInnen signalisieren, dass Sie sich in Ihrem Text noch immer auf die fremde Quelle beziehen. Am Ende des gesamten Absatzes geben Sie dann den Kurzbeleg noch einmal an oder signalisieren durch einen Absatzwechsel, dass die Information abgeschlossen ist, wie das folgende Beispiel aus einem Artikel über *Drug-eluting Stents* zeigt:

In einer Reihe von Studien konnte gezeigt werden, dass die Mortalität nach perkutaner Koronarintervention (PCI) und Bypassoperation vergleichbar ist [2–4, 11, 15,19, 20, 22, 24]. In diesen Studien zeigte sich, dass Patienten nach PCI häufiger erneut Angina-pectoris-Beschwerden aufwiesen und sich einer Revaskularisierung unterziehen mussten, während die Mortalität vergleichbar war.

Die meisten der o.g. Studien wurden jedoch in den 90er Jahren als reine Angioplastiestudien, also ohne Stentimplantation, durchgeführt.

(Die Unterstreichungen kennzeichnen die Wiederholungen, die signalisieren, dass der Text sich auf Angaben aus den ebenfalls unterstrichenen Quellen bezieht.)

Sie haben, wie in dem Beispiel zu sehen ist, die gesamte Information „eingeklammert“: Ihren LeserInnen ist so schon zu Beginn des Absatzes klar, dass die folgenden Informationen aus fremden Quellen stammen.

Satzanfänge, um direkte und indirekte Zitate einzuleiten:

- X stellt fest...
- Nach/Laut X...
- X führt aus, dass...
- X kommt zu dem Ergebnis, dass...
- X zufolge...
- X zeigt/verdeutlicht, dass...
- X verweist darauf, dass...
- X weist darauf hin, dass...
- X weist nach, dass...

Nun wird auch deutlich, dass es ebenfalls nicht reicht, wenn Sie alle Quellenbelege eines Kapitels gesammelt an den Anfang des Kapitels stellen. Oder wenn Sie die Quellen am Ende der Arbeit nur im Literaturverzeichnis angeben, sie in Ihrem Text aber überhaupt nicht nennen. In beiden Fällen haben Sie dann zwar die Quellen irgendwo in Ihrer Arbeit genannt, Ihre LeserInnen können jedoch nicht wissen, auf welche Informationen sich die Quellenangaben beziehen.

Übung

Ich habe aus einer Quelle in meinem Text auf Seite 10 zitiert und die Quelle dort auch angegeben. Auf Seite 70 zitiere ich aus der gleichen Quelle noch einmal. Muss ich die Quelle wieder angeben?

Lösung

Ja, das müssen Sie. Auch hier gilt die Regel der Eindeutigkeit. Ihr Leser muss an jeder Stelle im Text erkennen können, ob eine Information aus einer fremden Quelle stammt oder von Ihnen.

Selektive LeserInnen lesen möglicherweise überhaupt nur die Seite 70. Woher wissen sie dann auf Seite 70, dass Sie die Quelle auf Seite 10 schon einmal angegeben haben? Und selbst jemand, der Ihre Arbeit vollständig liest, wird sich auf Seite 70 nicht mehr an die Quelle auf Seite 10 erinnern. Ihre LeserInnen können auch nicht wissen, dass eine Information auf Seite 70 aus der gleichen Quelle stammt wie die Information auf Seite 10, wenn Sie die Information nicht mit einem Quellenbeleg kennzeichnen.

Übung

Ich habe in einem Buch von Autor X eine Textstelle gefunden, die von Autorin Y stammt. Muss ich nur Autor X zitieren, bei dem ich die Information gefunden habe, oder auch die Autorin Y, von der die Information ursprünglich stammt?

Lösung

Beim Zitieren geht es vor allem darum, den Urheber der Information zu nennen und weniger um die Fundstelle. Im genannten Fall müssen Sie jedoch die Urheberin der Information *und* die Fundstelle nennen.

Kennzeichnen Sie dazu die relevante Information in Ihrem Text als „Zitat im Zitat", beispielsweise typographisch, indem Sie das Zitat im Zitat durch einfache Anführungszeichen bzw. Apostrophe vom übrigen Zitat absetzen. Im Kurzbeleg geben Sie beide Quellen an und verbinden Sie durch „zit. in:". Im Literaturverzeichnis führen Sie dann zu beiden Quellen die Vollbelege auf.

Sie sehen: Es ist umständlich. Fragen Sie sich daher, was Sie mit dem Zitat im Zitat in Ihrem Text bezwecken. Möchten Sie die eigentliche, ursprüngliche Information der Autorin Y zitieren? Dann suchen Sie besser die Originalquelle. Nur so können Sie vermeiden, dass Sie mögliche Zitierfehler durch Autor X übernehmen oder eine Information aus ihrem Zusammenhang reißen.

5.3.2 Quellenverweise im Text

Ihre Leser und Leserinnen möchten nicht nur wissen, welche Informationen von Ihnen stammen und welche aus fremden Quellen, sondern sie möchten bei Bedarf auch die Quellen und *innerhalb* der Quelle die zitierte Information finden können.

Die dritte Grundregel des Zitierens lautet daher:

Quellenangaben müssen so gestaltet sein, dass die Quelle auffindbar ist.

Die Quellenverweise im Text führen Ihre Leser und Leserinnen daher von der zitierten Information zum Literaturverzeichnis. Im Literaturverzeichnis finden Ihre LeserInnen dann die vollständigen bibliographischen Angaben, den Vollbeleg.

Für die Gestaltung des Quellenverweises im Text sind grundsätzlich drei Formen möglich:

- als Kurzbeleg im laufenden Text
- als hochgestellte, kleine Nummer im laufenden Text, die ihrerseits auf eine Fußnote am Ende der Seite verweist
- als fortlaufende, nicht hochgestellte Nummer im Text, die auf den Vollbeleg im Literaturverzeichnis verweist

Der **Kurzbeleg** besteht aus Autorenname, Erscheinungsjahr und Seitenzahl.

Vorteil: Kurzbelege bieten durch diese Angaben einen höheren Informationswert für die LeserInnen.

Nachteil: Kurzbelege nehmen im laufenden Text viel Raum ein und stören den Lesefluss.

In einigen Fachgebieten scheint es üblich und legitim zu sein, nur VerfasserIn und Erscheinungsjahr anzugeben und auf die Angabe der Seitenzahl zu verzichten. Das verstößt jedoch gegen das Gebot der Auffindbarkeit: Zwar kann Ihr Leser mit Ihren Angaben nun die Quelle finden, aus der Sie die Information haben, wird jedoch in der Quelle die Information nur schwerlich entdecken können, besonders wenn es sich um ein Werk mit mehreren hundert Seiten handelt. Geben Sie daher die Seitenzahl der genauen Fundstelle immer an.

Aber es gibt Ausnahmen von dieser Regel:

Early results in controlling the clinker production are presented in Otomo, Nakagawa, and Akaike (1972), where statistical methods were applied to control the process.

Bei diesem Beispiel aus dem Artikel *Model predictive control of a rotary cement kiln* wird durch die Formulierung klar, dass sich die Information auf die zitierte Arbeit als Ganzes bezieht. Es handelt sich nicht um eine Detailinformation, die auf einer einzelnen Seite gefunden wurde.

Fußnotenzeichen sind hochgestellte, meist arabische Zahlen. Diese werden fortlaufend über die gesamte Arbeit durchnummeriert. Das Fußnotenzeichen verweist auf die eigentliche Fußnote am Ende der jeweiligen Seite oder am Schluss der Arbeit. In der Fußnote befindet sich meist der Kurzbeleg. Die Fußnote kann aber auch – wie in dem folgenden Beispiel aus einem Artikel über die *Förderung erneuerbarer Energien* – den Vollbeleg sowie zusätzliche Anmerkungen aufnehmen:

Als Wachstumsbranche mit erheblichen Exportpotentialen ist der Bereich erneuerbarer Energien außerdem auch industrie- und technologiepolitisch attraktiv.[1]

Vorteil: Die Fußnote nimmt im laufenden Text wenig Platz ein und die Quellenangaben stören nicht den Lesefluss.
Nachteil: Den Wechsel beim Lesen zwischen Text und Fußnoten empfinden manche als lästig.

---

[1] *Vgl. Bundesministerium für Wirtschaft und Technologie (BMWi): Konjunkturgerechte Wachstumspolitik. Jahreswirtschaftsbericht 2009. Berlin, Januar 2009, insbesondere Ziffern 73, 77 und 78. Danach lag der Beitrag der erneuerbaren Energien zur CO2-Vermeidung in Deutschland 2007 bereits bei etwa 110 Millionen Tonnen; das wären rund 13 Prozent der gesamten CO2-Emissionen. Vgl. auch Bundesministerium für Umwelt, Naturschutz und Reaktorsicherheit (BMU): Erneuerbare Energien in Zahlen. Nationale und internationale Entwicklung. Stand: Dezember 2008.*

Das **Nummernsystem** ist eine Variante des Fußnotensystems. Hier werden jedoch die Ziffern nicht hochgestellt, sondern in Klammern in den laufenden Text integriert. Das folgende Beispiel aus dem Artikel über *Drug-eluting Stents* kann Ihnen als Muster dienen:

Dennoch belegen aktuellere prospektiv-randomisierte Studien [5, 6] zumindest für Ein-Gefäß-Erkrankungen einen eindeutigen Vorteil zugunsten der chirurgischen Revaskularisation.

Die Nummern [5,6] verweisen vom Text direkt zum Vollbeleg im Literaturverzeichnis. Der Kurzbeleg im Text entfällt. Das Literaturverzeichnis ist beim Nummernsystem chronologisch in der Reihenfolge der Nennung der Quellen im Text, also nicht alphabetisch, sortiert.
Vorteil: Das Nummernsystem nimmt im laufenden Text wenig Platz ein und auch Fußnoten stören nicht den Lesefluss.
Nachteil: Die Nummern im Text sagen nichts über AutorInnen und Jahresangaben aus. Möchten Sie diese Informationen haben, müssen Sie sie erst im Literaturverzeichnis nachschlagen.

Die genannten Arten der Quellenverweise sind grundsätzlich gleichberechtigt, keine ist weniger wissenschaftlich als die andere.

Manche BetreuerInnen betrachten die gebotenen Möglichkeiten als Alternativen, zwischen denen die Studierenden wählen können. Andere machen verbindliche Vorgaben. Manche wissenschaftlichen Zeitschriften- oder Buchverlage wiederum sehen beispielsweise Fußnoten aus druck- und satztechnischen Gründen nicht gern. Machen Sie sich daher mit allen Möglichkeiten vertraut.

Tipp

>> Bleiben Sie flexibel in den Darstellungskonventionen! Ihre Schreibaufgaben im späteren Berufsleben orientieren sich auch an den Anforderungen der AuftraggeberInnen.

5.3.3 Vollbelege im Literaturverzeichnis

Sie erinnern sich an die dritte Grundregel: Alle Quellen müssen mit Hilfe Ihrer Angaben auffindbar sein. Auch in einigen Jahren wollen Ihre LeserInnen sich die genannten Quellen selbst beschaffen und darin die zitierte Information finden können.

Im Literaturverzeichnis finden die LeserInnen daher die vollständigen bibliographischen Angaben zu den im Text zitierten Quellen (die Vollbelege). Das Literaturverzeichnis ist eine strukturierte und übersichtliche Liste aller Vollbelege. An das Literaturverzeichnis werden zwei wichtige Anforderungen gestellt:

1. *Alle* im Text verwendeten und gekennzeichneten Quellen müssen im Literaturverzeichnis erscheinen.
2. Die Angaben in den Vollbelegen müssen vollständig sein, es gilt aber das Ökonomie-Prinzip: So wenig wie möglich, so viel wie nötig!

Die Vollbelege im Literaturverzeichnis enthalten daher mindestens die folgenden Angaben:

Die Angaben im Vollbeleg

Verfasserangaben:
- Namen des oder der VerfasserIn bzw. VerfasserInnen, HerausgeberInnen
- Alternativ: Institutionen oder Organisationen

Titelangaben:
- Haupttitel und ggf. Untertitel

Verlagsangaben:
- Erscheinungsort (Sitz des Verlages und Verlagsort)
- Verlagsname (in der kürzest möglichen Form, ohne GmbH o. ä.)
- Erscheinungsdatum
- bei Zeitschriften auch Band- oder Heftnummer

Weitere mögliche Angaben:
- Nummer der Auflage
- Hinweise zu den Personen, die an der betreffenden Auflage mitgewirkt haben, z. B. als Übersetzer
- Angaben zum Medium, z. B. CD-Rom, Video-Mitschnitt etc.
- Hinweise zur Zugehörigkeit der zitierten Quelle zu einer Reihe oder Serie, z. B. Bandnummer eines Buches in einer Reihe

Finden Sie nicht alle Angaben? **Unvollständige Quellenangaben** ersetzen Sie (aber nur in Ausnahmefällen!) an der entsprechenden Stelle im Literaturverzeichnis durch eine der folgenden Abkürzungen:

Geläufige Abkürzungen bei unvollständigen Quellenangaben:

- o.V. (ohne Verfasser)
- o.T. (ohne Titel)
- o.O. (ohne Ort)
- o.J. (ohne Jahr)

Gibt es zu einem Werk **mehrere VerfasserInnen**, gilt:

- Bis zu drei Verfasser werden ausgeschrieben.
- Gibt es mehr als drei Verfasser, wird oft nur der erste ausgeschrieben. Die anderen Verfasser werden häufig durch „et.al" (lat. et alii „und andere") ersetzt, können aber auch ausgeschrieben werden.

Hat ein Verfasser **im selben Jahr mehrere Beiträge** veröffentlicht, fügen Sie dem Erscheinungsjahr im Quellenverweis ein a, b, c usw. beigefügt: Müller 1999a, S. 7. Im Literaturverzeichnis stehen a, b und c ebenfalls bei dem Erscheinungsjahr.

Unselbstständige Quellen geben Sie immer gemeinsam mit der selbstständigen Quelle an, denn unselbstständige Quellen sind in den Bibliothekskatalogen nicht gelistet, sondern nur die selbstständigen. Sie verbinden dafür im Allgemeinen im Vollbeleg die unselbstständige mit der selbstständigen Quelle durch den Zusatz „In:" nach den Verfasser- und Titelangaben. Außerdem geben Sie zusätzlich auch die Seiten an, auf denen sich die unselbständige Quelle innerhalb der selbständigen Quelle befindet:

Rubik, Frieder (2006): Policy profile: Integrated product policy — between conceptual and instrumental approaches in Europe. In: European Environment, 16. 307–320

Beachten Sie jedoch: Die Darstellungsweise dieser Angaben kann und darf variieren. Es gibt weltweit eine Vielzahl verschiedener Zitierweisen, die sich oft nur in kleinen Details unterscheiden.

Ein Vollbeleg nach dem *Styleguide* der American Psychological Association (www.apastyle.org) sähe beispielsweise folgendermaßen aus:

Rubik, F. (2006). Policy profile: Integrated product policy – between conceptual and instrumental approaches in Europe. European Environment (16), S. 307-320.

Nach dem *Chicago Manual of Style* (www.chicagomanualofstyle.org) sähe der gleiche Vollbeleg hingegen so aus:

Rubik, Frieder. „Policy profile: Integrated product policy – between conceptual and instrumental approaches in Europe." European Environment, 2006: 307-320.

Übung

Finden Sie die Unterschiede zwischen den beiden vorgestellten Zitierstilen.

Lösung

In dem Vollbeleg nach dem *Chicago Manual of Style* wird der Vorname des Verfassers ausgeschrieben. Der Titel des Artikels steht in Anführungszeichen. Das Erscheinungsjahr steht – durch ein Komma getrennt – nach dem Titel der Zeitschrift. Die Seitenangaben folgen – nach einem Doppelpunkt – ohne den Zusatz S. (bzw. im Englischen p.). Die Nummer der Ausgabe (16) fehlt ganz.

Achten Sie bei der Gestaltung der Vollbelege im Literaturverzeichnis Ihrer Arbeit darauf, dass diese einheitlich sind. Für welchen Stil Sie sich entscheiden, ist meist Ihnen überlassen. Beachten Sie auch die Vorgaben seitens des Fachgebietes.

Internetquellen führen Sie ebenfalls mit den vollständigen Angaben als Vollbeleg auf. Es reicht nicht, einfach nur einen Link zu setzen. Denn das besondere Problem bei Internetquellen ist deren Vergänglichkeit. Schon nach kurzer Zeit kann es vorkommen, dass Seiten nicht mehr verfügbar sind oder sich der Inhalt grundlegend geändert hat.

Wenn Sie das Erstellungsdatum des Dokuments eindeutig bestimmen können, geben Sie es an, denn es entspricht dem Erscheinungsjahr. Geben Sie in jedem Fall auch das Zugriffsdatum (mit oder ohne Uhrzeit) an, als Beleg dafür, wann das Dokument zuletzt abgerufen werden konnte.

Geben Sie weiterhin die genaue und vollständige Internetadresse (die so genannte URL: Uniform Resource Locator) an, auch bei PDF-Dokumenten. Ein korrekter Vollbeleg für eine Internetquelle sieht dann beispielsweise so aus:

Dawkins, J., Young, D., Collao, K., 2007. Public understanding of sustainable finance and investment: A report to the Department for Environment, Food and Rural Affairs. London: Defra. URL.: http://randd.defra.gov.uk/Document.aspx?Document=EV02025_6699_FRP.pdf. (Zugriff am 09.10. 2011).

Tipp

>> Verkürzen Sie sehr lange URL mit Hilfe von *bitly* (*Shorten, share and track your links*: https://bitly.com/). Ihr Literaturverzeichnis wird so übersichtlicher.

5.4 Hilfreich: Kreativitätstechniken

Sie heißen beispielsweise Brainstorming, Mind-Mapping, Morphologischer Kasten, Methode 635 oder 6-Hüte-Denken: Kreativitätsmethoden, deren Ziel ist, durch ungewöhnliche Ansätze und Vorgehensweisen die häufig chaotisch-assoziativ verlaufende Denkarbeit Ihres Gehirns anzuregen, „um die Ecke" zu denken. Mit Hilfe dieser Methoden können Assoziationsketten ausgelöst werden, die in neue, ungewöhnliche und innovative Ideen münden.

Zwei Kreativitätstechniken eignen sich ausgezeichnet, um Klarheit und Struktur in die Fülle von Informationen und Material zu bringen: das Mind-Mapping und das Führen eines Notizbuches.

5.4.1 Mind-Mapping

Der Brite Tony Buzan entwickelte 1974 die Methode Mind-Mapping (von engl. *mindmap*: Gedächtniskarte, Gedankenkarte). Mind-Mapping ist eine Visualisierungsmethode, mit der Sie Teilaspekte eines Themas miteinander in Beziehung setzen und strukturieren sowie neue Ideen generieren können.

Mit Mind-Maps können Sie:

- Ideen generieren und sammeln
- Ihre Gedanken und Themen strukturieren
- Ober- und Unterkategorien festlegen
- einen Überblick erhalten
- Informationen gruppieren

- planen, organisieren, Arbeitspläne erstellen: Nummerieren Sie dafür die Hauptäste oder versehen Sie sie mit Zeitangaben!
- Präsentationen vorbereiten
- protokollieren und mitschreiben
- Prüfungen vorbereiten (indem Sie sich z. B. Zusammenhänge bildlich vor Augen führen)
- Verbindungen und Überleitungen finden: Verbinden Sie dafür Punkte, die in Beziehung zueinander stehen

Die Methode Mind-Mapping können Sie allein oder in der Gruppe durchführen. Sie können dabei nach dem Bottom-Up- oder dem Top-Down-Prinzip vorgehen. Sie können auch beide Vorgehensweisen mischen.

Bei dem **Bottom-Up-Vorgehen** sammeln Sie zunächst alle Ideen, die Sie zu einem Thema haben und entwickeln dann aus diesen Ideen eine Struktur. Das Bottom-Up-Vorgehen eignet sich besonders für Teambesprechungen und Gruppenarbeiten. Sie können es aber auch allein durchführen.

Mind-Mapping Schritt für Schritt nach dem Bottom-Up-Prinzip

1. Schreiben Sie das zentrale Thema auf ein Blatt Papier.
2. Notieren Sie dann zu dem Thema alle Einfälle auf kleine Zettel. Pro Zettel reichen ein bis zwei Stichworte. Wichtig: Sammeln Sie alle Einfälle, ohne sie zu bewerten.
3. Breiten Sie die Zettel anschließend auf dem Fußboden oder dem Tisch aus.
4. Wenn Sie in der Gruppe arbeiten: Klären Sie Fragen und besprechen Sie, was mit einzelnen Stichworten gemeint ist. Sortieren Sie außerdem doppelt genannte Stichworte aus.
5. Sortieren und gruppieren Sie Zettel mit Stichworten, die sich inhaltlich zusammenfassen lassen.
6. Geben Sie den verschiedenen Gruppierungen dann Überschriften. Tipp: Wenn Sie sich bei der Gruppierung der Zettel nicht einigen können, eröffnen Sie eine Rubrik „Sonstiges", unter der Sie alle Einfälle sammeln, die Sie nicht zuordnen können.
7. Notieren Sie die Überschriften dann ebenfalls auf Zetteln.
8. Ordnen Sie die Zettel mit den Überschriften um den Zettel mit dem Hauptthema an. Diese Überschriften werden zu „Hauptästen" der Mind-Map.

9. Die Zettel mit den einzelnen Stichworten und Begriffen werden nun den Hauptästen zugeordnet.
10. Sie können nun die Stichworte so lange ergänzen und neu anordnen, bis Sie mit dem Ergebnis zufrieden sind.
11. So entsteht ein verzweigtes Gesamtbild: Ihre Mind-Map.
12. Fotografieren Sie die Ergebnisse des Gruppen-Mind-Mappings.

Bei dem **Top-Down-Prinzip** haben Sie bereits eine Struktur, die Sie nach und nach verfeinern.

Mind-Mapping Schritt für Schritt nach dem Top-Down-Prinzip

1. Nehmen Sie ein großes Blatt Papier (mindestens DINA2) und legen es quer.
2. Schreiben Sie in die Mitte des Blattes das zentrale Thema.
3. Rund um das zentrale Thema notieren Sie als „Hauptäste" Ihrer Mind-Map Unterkategorien.
4. Suchen Sie zu diesen Unterkategorien weitere Teilaspekte, die Sie den „Hauptästen" zuordnen, bis keine weiteren „Verästelungen" mehr möglich sind.
5. Auch so entsteht ein verzweigtes Gesamtbild: Ihre Mind-Map.

Wie eine Mind-Map zu dem Aufbau einer Masterarbeit zum Thema „Vergleich von Handtrockensystemen" aussehen kann, zeigt Abb. 16.

Tipp

Mind-Mapping funktioniert auch am PC: Demoversionen oder Freeware gibt es unter http://www.mindjet.com/de oder http://freeplane.sourceforge.net/wiki/index.php/Main_Page

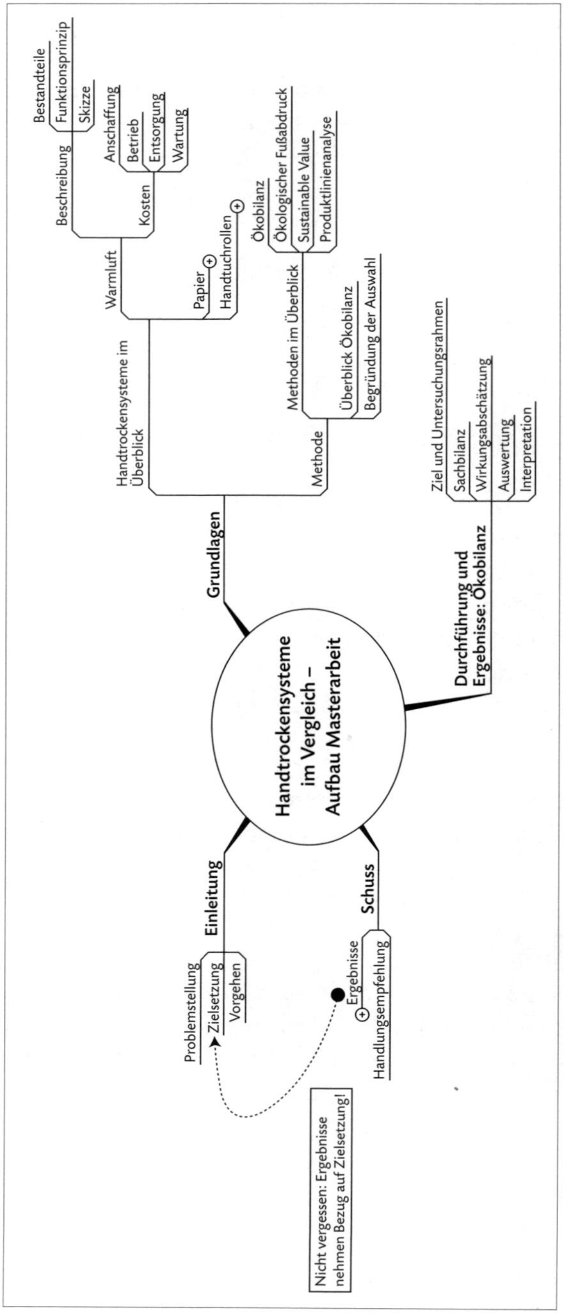

Abb. 16: Mind-Map zum Aufbau einer Masterarbeit – Beispiel (erstellt mit MindManagerX5)

5.4.2 Das Notizbuch

Von berühmten Wissenschaftlern und Erfindern wie Leonardo da Vinci, Charles Darwin, Albert Einstein oder Alexander Bell ist bekannt, dass sie regelmäßig ein Notizbuch führten. Heute mögen Notizbücher mit zunehmender Digitalisierung antiquiert erscheinen und doch ist das Notizbuch in der Mensa, in Seminaren, in Cafés, bei Konferenzen allgegenwärtig. Notizbücher sind wieder – oder immer noch? – beliebt, wovon auch die große Auswahl zum Teil recht teurer „Kladden" in Schreibwarengeschäften zeugt.

Machen Sie das Notizbuch zu Ihrem ständigen Begleiter, denn es unterstützt auf vielfältige Weise Ihren individuellen Arbeits- und Forschungsprozess:

- Das Notizbuch ist Ihr mobiler Wissensspeicher für unterwegs: Mit Hilfe Ihrer notierten Stichworte rufen Sie sich komplexe Sachverhalte, Bilder und Prozesse in Erinnerung, unter Umständen auch noch viele Jahre später.
- Es unterstützt Sie beim Lernen: Notieren Sie alles, was neu und unbekannt ist (Fremdwörter, unbekannte Theorien, Namen, Zusammenhänge), um zu einem späteren Zeitpunkt nachzufragen oder nachzuschlagen.
- Sammeln Sie in Ihrem Notizbuch auch Informationen für ein neues Projekt: Zeitungsausschnitte, interessante Internetlinks und alle Gedanken und Ideen, die Sie zu dem neuen Projekt haben.
- Lagern Sie in Ihr Notizbuch alles aus, was Ihren Arbeitsprozess gerade stört und Sie ablenkt: Einkaufslisten, Ideen, die andere Projekte als das derzeitige betreffen usw. Sie haben dann einen sicheren Ort für die störenden Gedanken gefunden und können sich wieder besser auf die anstehende Aufgabe konzentrieren.
- Ein Notizbuch vertreibt Ihnen die Langeweile und verkürzt Wartezeiten, etwa wenn die Bahn Verspätung hat. Nutzen Sie die gewonnene Zeit und machen Sie sich Notizen oder lesen Sie Ihre Notizen einfach nur durch.

Wenn Sie regelmäßig und oft in Ihr Notizbuch schreiben, werden Sie mit der Zeit möglicherweise auch Ihren Schreibstil verbessern: zunächst weil Sie überhaupt schreiben. Dadurch, dass Sie zusätzlich mit einem Stift schreiben und nicht Texte mit einer Tastatur tippen, verankern Sie – einfach ausgedrückt – das Schreiben in Ihrem Gehirn anders als Sie es sonst gewohnt sind. Schreiben wird so für Sie zu einer gewohnten Tätigkeit und Sie bekommen zusehends Routine.

In Ihrem Notizbuch ist übrigens alles erlaubt: Leonardo da Vinci schrieb einen Teil seiner Texte beispielsweise in Spiegelschrift. Albert Einstein beschrieb ein Notizbuch sowohl von hinten als auch von vorn beginnend, sodass die Notizen irgendwann aufeinander trafen; wobei der eine Teil dann auf dem Kopf stand. Warum die beiden das taten, ist nicht bekannt. Ihr Vorbild zeigt jedoch: Sie müssen in *Ihrem* Notizbuch keinerlei Konventionen beachten. Schreiben Sie einfach, wie Sie wollen! Einen Einblick in das Notizbuch der Autorin dieses Buches bekommen Sie in Abb. 17.

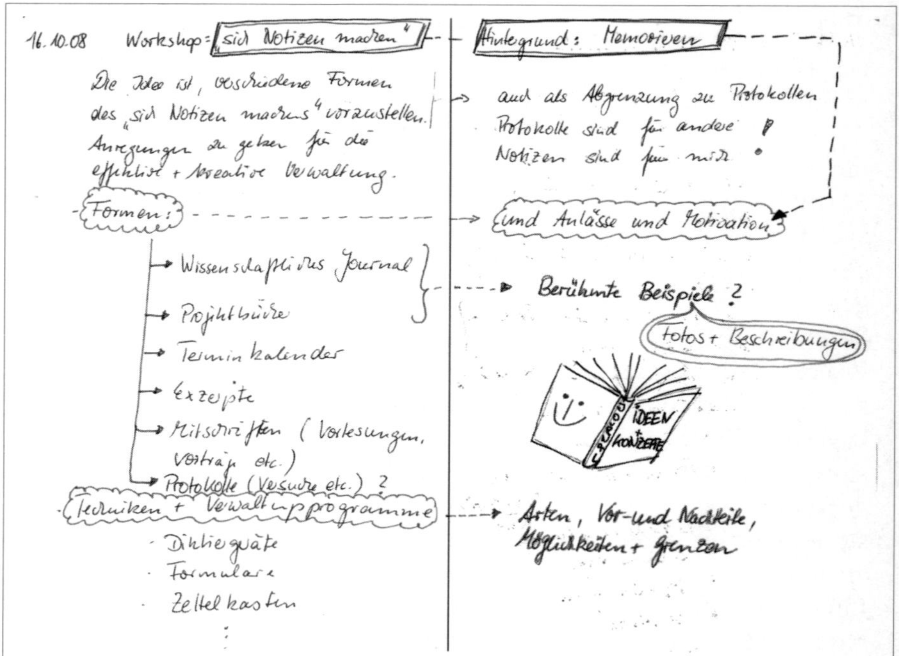

Abb. 17: Ein Blick in das Notizbuch der Autorin

Notizen machen – Tipps

- Beschreiben Sie zunächst nur die linke Seite und lassen die rechte Seite frei. Auf der rechten Seite ergänzen Sie dann später die Notizen der linken Seite mit Anmerkungen, weiteren Informationen, Hinweisen und Kommentaren.
- Schreiben Sie von der Mitte nach außen (z. B. als Mind-Map), legen Sie das Buch zum Schreiben quer oder schreiben Sie über den Mittelfalz hinweg.
- Zeichnen Sie in Ihrem Notizbuch, machen Sie Skizzen.
- Denken Sie bunt! Benutzen Sie Farben: Unterstreichen Sie Wichtiges in Rot, machen Sie zusätzliche Anmerkungen in Grün usw.
- Ergänzen Sie Ihre Notizen mit Fotos oder Zeitungsausschnitten, die Sie ausschneiden und in das Buch einkleben. Machen Sie um die Ausschnitte herum weitere Notizen oder verbinden Sie sie durch Pfeile und Linien miteinander.
- Machen Sie Ihre Notizen ungeordnet und sprunghaft immer dort, wo gerade Platz ist. Sie können Ihr Buch aber auch chronologisch führen und jeden Eintrag datieren.
- Beginnen Sie zu jedem Thema eine neue Seite. Sie können auch zu bestimmten Themen jeweils ein eigenes Notizbuch führen.
- Zensieren Sie sich niemals selbst! Es ist Ihr Notizbuch. Es sind Ihre Ideen.
- Achten Sie darauf, Ihr Notizbuch vor dem Zugriff Dritter zu schützen.
- Werten Sie Ihr Notizbuch regelmäßig aus. Streichen Sie Erledigtes durch oder haken Sie es ab.

Schreiben Sie in Ihr Notizbuch, was immer Sie wollen und was Ihnen wichtig erscheint:

Mögliche Inhalte Ihres Notizbuches von A bis Z

- Adressen
- Beispiele, Beobachtungen, Definitionen, Diagramme
- Briefentwürfe
- Fragen und Unklarheiten
- Gelungene fachsprachliche Formulierungen
- Gesprächsnotizen, Gesprächsprotokolle
- Gliederungen

- Ideen: für Artikel, Bücher, Präsentationen, für neue Projekte, Innovationen, Optimierungen, Patente
- Kommentare zu gelesenen Texten
- Messungen und Interpretationen von Messungen
- Mitschriften zu Vorlesungen oder Vorträgen
- Termine, Zeitpläne, To-Do-Listen mit Aufgaben (Tagesaufgaben, Wochenaufgaben, Meilensteine…)
- Textbausteine
- Titel von interessanten Büchern, Namen interessanter Personen (Ansprechpartner)
- Überschriften und Zwischenüberschriften für mögliche Texte
- Zeichnungen, Skizzen
- Zeitungsausschnitte
- Zitate (mit Seiten- und Titelangaben)

5.5 Wichtig: externes und internes Controlling

Regelmäßige Treffen mit Ihrem Betreuer oder Ihren Teammitgliedern sind ein wichtiges Kontrollinstrument, um neben zeitlichen auch inhaltliche Abweichungen rechtzeitig feststellen und korrigieren zu können. Bei diesen Treffen haben Sie die Möglichkeit, auftretende Schwierigkeiten zeitnah zu besprechen oder Feedback zu Ihrer bisherigen Vorgehensweise zu erhalten.

Treffen mit Ihrem Betreuer oder Ihrer Betreuerin können auch in Colloquien stattfinden. Hier tragen Sie den Stand Ihrer Arbeit vor. An eine solche Präsentation schließt sich im Allgemeinen eine Diskussion an, in der offene Fragen geklärt werden.

Tipp

» Ob individuelle Rücksprachen, Teambesprechungen oder die Teilnahme an Colloquien: Protokollieren und dokumentieren Sie alle Gespräche und deren Ergebnisse!

5.5.1 Besprechungen mitschreiben: das Gesprächsprotokoll

Gesprächsprotokolle können Sie in Verlaufs- und Ergebnisprotokolle unterscheiden. In **Verlaufsprotokollen** fassen Sie den Verlauf einer Besprechung zusammen. Dabei geben Sie beispielweise Beiträge einzelner Personen in wörtlicher oder indirekter Rede wieder.

Tipp

Fragen Sie bereits während der Besprechung nach, wenn Sie etwas nicht verstehen oder unsicher sind, ob Sie eine Aussage in das Protokoll aufnehmen sollen.

Im **Ergebnisprotokoll** dagegen werden die Inhalte und Ergebnisse einer Besprechung festgehalten und weniger, wie es im Verlauf der Besprechung zu diesen Ergebnissen kam.

Die meisten Gesprächsprotokolle sind Mischformen aus beiden Protokollarten.

Steckbrief Gesprächsprotokoll

Ein Gesprächsprotokoll

- ist eine sachliche und übersichtliche Zusammenfassung einer Besprechung
- wird meistens im Präsens geschrieben
- hat keine feste Seitenzahl, sollte aber knapp gehalten werden. Es gilt: so viel wie nötig, so wenig wie möglich
- ist eine Gedächtnisstütze für alle Teilnehmer und Teilnehmerinnen
- informiert fehlende Teammitglieder über Themen und Ergebnisse einer Besprechung

Machen Sie sich während der Besprechung Notizen und schreiben Sie das Gesprächsprotokoll sofort nach der Besprechung.

Notieren Sie mindestens (am besten in der genannten Reihenfolge):

Bausteine des Gesprächsprotokolls

- Kopf: Datum, Uhrzeit und Ort, Protokollführer, fortlaufende Seitennummerierung, teilnehmende Personen
- Tagesordnungspunkte (TOP) bzw. Themen als Gliederung des Protokolls

Notieren Sie außerdem abhängig vom Gesprächsverlauf und der Themen:

- bei Gruppenarbeiten: Aufgabenverteilung mit Terminangabe und verantwortlicher Person(en)
- anstehende Aktivitäten bis zum nächsten Treffen
- Meilensteine, To-Do-Listen
- Probleme und Lösungsvorschläge
- nächster Termin und Themen für das nächsten Treffen
- als Anlagen: erarbeitete Materialien wie Mind-Maps, Poster, Folien etc.

5.5.2 Zwischenergebnisse vortragen: Präsentationen

Nutzen Sie jede sich bietende Gelegenheit, um über Ihr Schreibprojekt zu sprechen. So gewinnen Sie Klarheit und Sicherheit in Ihrem Thema und reflektieren Ihre Vorgehensweise und die Inhalte.

In Colloquien haben Sie die Möglichkeit, im Kreis von Studierenden und Doktoranden den jeweils aktuellen Stand Ihres Schreibprojektes vorzutragen. Colloquien sind also eine gute Vorbereitung für die spätere Abschlusspräsentation (Hinweise zur Gestaltung der Abschlusspräsentation finden Sie in Abschn. 8.2).

Aber in Colloquien können Sie nicht nur das Präsentieren üben, sondern Sie bekommen dort auch vielfältige Impulse für Ihr Schreibprojekt. Sie kommen mit anderen Studierenden zusammen, die sich in unterschiedlichen Stadien ihrer jeweiligen Arbeiten befinden. Sie können also viel von den anderen TeilnehmerInnen lernen.

Lenken Sie dazu bei Präsentationen anderer Ihren Fokus zwischendurch auch einmal auf:

- Aufbau und Gliederung der Präsentation
- Gestaltung der Quellenbelege
- Art der Abbildungen
- Literaturhinweise
- methodische Vorgehensweise etc.

Tipp

Achten Sie auch auf die Kommentare Ihres Betreuers oder Ihrer Betreuerin zu den Präsentationen Ihrer KommilitonInnen. Sie erfahren auf diese Weise viel darüber, wie er bzw. sie „tickt"!

Welchen Stand Ihrer Arbeit Sie präsentieren, hängt natürlich davon ab, über welches Material Sie zum aktuellen Zeitpunkt bereits verfügen:

- Stehen Sie noch am Beginn des Projektes, präsentieren Sie die Zielsetzung Ihrer Arbeit und eine kurze Beschreibung des Hintergrundes. Kommentieren Sie auch Ihre Gliederung kurz oder machen Sie Angaben zur Methodik.
- Haben Sie erste Zwischenergebnisse, stellen Sie diese vor und sagen, welche abschließenden Arbeiten noch notwendig sind.
- Haben Sie Ihre Arbeit abgeschlossen, können Sie in dem Colloquium einen Probevortrag halten, als Generalprobe für die Abschlusspräsentation.

Fragen Sie im Anschluss an Ihre Präsentation auch gezielt nach Erfahrungen anderer, etwa was den Umgang mit Störquellen in Experimenten betrifft oder Abweichungen von der Prüfvorschrift, Schwierigkeiten mit Software etc.

Tipp

Nutzen Sie das gesammelte Expertenwissen: In Gruppen können Sie fast immer davon ausgehen, dass jemand der Anwesenden zu einem Thema etwas weiß oder eine Idee hat, die Ihnen weiterhilft.

Vielleicht fürchten Sie sich etwas vor allzu kritischen Bemerkungen oder Fragen? Das ist verständlich, sollte Sie jedoch nicht abschrecken. In frühen Phasen Ihres Schreibprojektes ist klar, dass Sie noch nicht alles wissen und können.

Dennoch kann es vorkommen, dass Kritik ungenau formuliert ist. Wenn Sie nicht genau verstehen, was mit einer kritischen Anmerkung gemeint ist, fragen Sie entweder im Gespräch nach oder – wenn das nicht möglich ist – fragen Sie sich selbst.

So bemerkt jemand vielleicht „Die Zielsetzung ist nicht klar“. Sie können nun sich (oder die betreffende Person) fragen:

- Habe ich die Zielsetzung überhaupt genannt?
- Ist sie unkonkret formuliert?
- Habe ich Zielsetzung und Vorgehensweise vermischt?
- Ist das Ziel noch zu weit gefasst, also wenig konkret?

Versuchen Sie so, unklar formulierte kritische Anmerkungen zu konkretisieren. Leiten Sie dann aus der Kritik einen Arbeitsauftrag an sich selbst ab, beispielsweise: „Zielsetzung bei der nächsten Präsentation explizit nennen!“.

Auch die Hinweise in Abschnitt 7.6.1 helfen Ihnen dabei, unklar formulierte Kritik besser einzuordnen.

Achten Sie in den Colloquien auch darauf, in welchen Qualifikationsformen (Bachelor-, Master- oder Promotionsstudium) und Arbeitsstadien sich die anderen TeilnehmerInnen befinden. Einige arbeiten vielleicht bereits an ihren Doktorarbeiten. Bekommen Sie also keinen Schreck, wenn Ihnen bestimmte Themen, Herangehensweisen oder Kommentare sehr anspruchsvoll erscheinen!

In Colloquien machen Sie außerdem die Erfahrung, dass Sie nicht allein sind mit Ihren Schwierigkeiten. Sie merken vielleicht, dass Sie im Grunde alle gleiche oder ähnliche Fragen haben. Vielleicht finden Sie auch in den Colloquien KommilitonInnen, mit denen Sie sich außerhalb der Colloquien zu Ihren Schreibprojekten austauschen können, insbesondere wenn Sie nicht in einer Gruppe arbeiten.

5.5.3 Internes Controlling: Fragen zur Selbsteinschätzung

Die Fähigkeit, das eigene fachliche Handeln zu reflektieren und zu steuern ist eine wichtige Kompetenz, die Sie im späteren Berufsleben brauchen werden. Überprüfen Sie daher immer wieder selbst den jeweiligen Stand Ihres Schreibprojektes und Ihre Arbeitsweise.

Tipp

>> Kritisieren Sie sich wohlwollend. Selbstkritik bedeutet nicht Perfektionismus: Seien Sie nicht strenger mit sich als es Ihr Betreuer wäre.

In den Phasen Materialsammlung und -aufbereitung haben Sie unter anderem fremde Quellen gesucht, ausgewählt und ausgewertet. Werfen Sie einmal selbst einen kritischen Blick auf Ihr gewonnenes Material:

Fragen zur Selbsteinschätzung der Quellenarbeit

Habe ich
- die relevanten Quellen in Hinblick auf meine Zielsetzung ausgewählt?
- eventuelle Gemeinsamkeiten und Unterschiede der verschiedenen Quellen herausgearbeitet und eingeordnet?
- die Quellen beschrieben, kategorisiert und kommentiert?
- eventuell inhaltliche Lücken in den Quellen identifiziert, dargestellt und mit weiteren Quellen oder eigenen Kommentaren geschlossen?
- Widersprüche in Quellen herausgearbeitet und gelöst?

Manche Betreuer und Betreuerinnen beziehen auch Ihre Arbeitsweise in die Bewertung Ihrer Abschlussarbeit mit ein. Achten Sie daher auch selbst darauf, die Kooperation mit Ihrem Betreuer aktiv mitzugestalten:

Fragen zur Selbsteinschätzung zu Ihrer Arbeitsweise

Habe ich
- bei auftretenden methodischen und inhaltlichen Schwierigkeiten zunächst eigene Lösungsvorschläge erarbeitet, bevor ich mich an meinen Betreuer gewandt habe?
- Besprechungen und Zwischenpräsentationen gut vorbereitet?
- mir fehlendes (Vor-)Wissen selbständig erarbeitet?
- systematisch gearbeitet und meine Arbeitsschritte sorgfältig dokumentiert?

6 Der Textentwurf

Am liebsten würden Sie sofort eine perfekte, abgabereife Arbeit schreiben? Von Bestsellerautoren wie Umberto Eco oder Stephen King wissen wir jedoch: Schreiben ist ein Prozess, in dem sich aus einem ersten Textentwurf durch vielfältige Überarbeitungsprozesse nach und nach die Endversion herausbildet. Der Endversion sieht man den oft langwierigen Entstehungsprozess nicht mehr an. Das gilt für Romane ebenso wie für Ihre Bachelor-, Master oder Doktorarbeit.

In diesem Kapitel erfahren Sie, wie Sie zu einem ersten, noch sehr „rohen" Entwurf Ihrer Arbeit kommen. Nach dem Top-Down-Prinzip füllen Sie Ihre vorläufige Gliederung mit allem, was Sie schon geschrieben haben. Mit der Strategie des Puzzleschreibens verfassen Sie Textbausteine in beliebiger Reihenfolge, die Sie ebenfalls nach und nach einfügen. Methoden des kreativen Schreibens helfen Ihnen, in den Schreibfluss zu kommen.

Lassen Sie in dieser Phase alle Perfektion vorübergehend beiseite: Überarbeitet wird der Text später. Erst dann wird er richtig gut! Perfektionismus hingegen frustriert und lähmt Sie zu diesem Zeitpunkt. Schreiben Sie so, wie es Ihnen gefällt. In dieser Phase gibt es kein Controlling!

6.1 Top down: die Bestandsaufnahme

Beliebt bei IngenieurInnen ist das Vorgehen, die erste Gliederung als Ausgangspunkt für die Erstversion zu nutzen. Erneut begegnet Ihnen also das Top-Down-Prinzip, das in diesem Fall besagt, dass Sie Ihre erste Gliederung „von oben" zunächst mit allem füllen, was Sie schon geschrieben haben.

Dabei machen Sie gleichzeitig eine **Bestandsaufnahme** aller Textbausteine, die Sie schon geschrieben haben: Aufzeichnungen und erste Notizen, Ideenskizzen, das Exposé, Ihre Exzerpte mit wortwörtlichen Zitaten oder Textwiedergaben, Definitionen etc.

Bestandsaufnahme in fünf Schritten

1. Wenn Sie mit einem Textverarbeitungsprogramm arbeiten, legen Sie ein Dokument an, z. B. unter dem Dateinamen „Erstentwurf Jahr_Monat_Tag“.
2. Übertragen Sie die Abschnittsüberschriften aus Ihrer Gliederung in dieses Dokument.
3. Schreiben Sie zu den Abschnittüberschriften stichwortartig oder in einfachen Sätzen die wichtigsten Inhalte der einzelnen Abschnitte.
4. Notieren Sie außerdem zu einzelnen Abschnittsüberschriften Zwischenüberschriften für eventuelle Unterabschnitte.
5. Ordnen Sie Ihre Textbausteine den einzelnen Abschnittsüberschriften zu: Kopieren Sie Ihre Textbausteine in das zentrale Dokument, möglichst schon in der Reihenfolge, in der sie dann auch später in dem Text stehen sollen.

Wahrscheinlich stellen Sie nun fest, dass Sie mehr Material haben, als Sie dachten. Klopfen Sie sich auf die Schulter und freuen Sie sich, wie viel Sie schon geschafft haben.

Tipp

Wenn Sie im Team schreiben, verschafft Ihnen die Bestandsaufnahme einen Überblick, wer was bereits geschrieben hat und Sie identifizieren Dopplungen und Lücken.

Im Anschluss an die Bestandsaufnahme versehen Sie den Text mit Arbeitsaufträgen an sich selbst:

Fehlen Übergänge? Passen manche Textteile noch nicht zusammen? Notieren Sie im Text, wo Sie Brückensätze zwischen Sätzen, Absätzen oder Abschnitten brauchen. Der Arbeitsauftrag lautet dann beispielweise „Brückensatz einfügen“.

Nebeneffekt: Indem Sie Plätze im Text für Überleitungen und Brückensätze vermerken, machen Sie nicht nur eine Bestandsaufnahme Ihres Materials, sondern beginnen bereits, den Roten Faden der Arbeit herauszuarbeiten, also die Argumentationslinie, die Sie Ihren LeserInnen vermitteln wollen.

Gibt es inhaltliche Lücken? Notieren Sie an entsprechender Stelle den Arbeitsauftrag: „Nachrecherchieren" oder „Lücke füllen".

Ist ein Teilaspekt zu ausführlich? Markieren Sie den gesamten Abschnitt farbig und notieren Sie als Arbeitsauftrag: „Kürzen".

Das gleiche gilt natürlich auch umgekehrt, wenn ein wichtiger Aspekt bislang zu kurz kommt. Hier lautet der Arbeitsauftrag dann: Ergänzen" oder: „Ausführlicher darstellen". Markieren Sie ebenso Stellen, an denen Sie später Tabellen, Abbildungen etc. einfügen wollen.

Tipp

>> Wo immer Ihnen Formulierungen einfallen, wo bislang nur Stichworte stehen, wandeln Sie die Stichworte in vollständige Sätze um.

Fügen Sie die Arbeitsaufträge als Kommentare oder farbige Markierungen in den Text ein (s. Abb. 18). So können Sie später, wenn Sie den Text überarbeiten, anhand der Markierungen schnell erkennen, wo Sie noch etwas tun müssen.

Ein fachlicher Text besteht aus einer Abfolge von Teiltexten. Diese Teiltexte sind teilweise voneinander unabhängige Teile, die Sie isoliert lesen und auch verstehen können. Aber nicht nur das: Sie können sie auch isoliert schreiben!

judith 14.1.12 18:02
Kommentar: Streichen!

Niemand erwartet von Ihnen, dass Sie die einzelnen Teile des Textes in der Chronologie schreiben, in der sie nachher auch in der Abschlussarbeit erscheinen. Zwar müssen Sie Ihre Textteile im Gesamttext in einer logischen und nachvollziehbaren Reihenfolge zusammenfügen. Das sagt aber nichts über die Reihenfolge ihres Entstehungsprozesses aus. Ihr Text muss logisch aufgebaut sein, Sie müssen die einzelnen Abschnitte und Unterabschnitte jedoch nicht *chronologisch* schreiben!

judith 14.1.12 18:03
Kommentar: Kürzen!

Zerlegen Sie also Ihren Gesamttext in kleine überschaubare Puzzle-Teile, die Sie schreiben, wann immer Sie wollen und aus denen Sie allmählich Ihren Gesamttext zusammensetzen. Diese Vorgehensweise nenne ich Puzzleschreiben.

judith 14.1.12 18:03
Kommentar: Zusammenfassen

Schreiben Sie zuerst die Textteile, die Ihnen keine oder wenig Schwierigkeiten bereiten. Auf diese Weise verschaffen Sie sich nebenher kleine Erfolgserlebnisse, wenn Sie sehen, wie Ihr Text allmählich wächst.

Andere Textteile wiederum schreiben Sie erst, wenn die anderen Abschnitte fertiggestellt sind, z B. das Fazit und Schlussfolgerung. Das gleiche gilt auch für Abstract und Einleitung.

Für die Einleitung können Sie aber das Exposé ‚recyclen', dass Sie zu Beginn des Schreibprojektes verfasst haben und das in der Grundstruktur der Einleitung entspricht.

judith 14.1.12 18:04
Kommentar: Verschieben

Das Literaturverzeichnis entsteht wiederum sukzessiv, indem Sie jedes Mal, wenn Sie ein Buch gelesen haben oder ein *paper* aus einem *journal*, die genauen bibliografischen Angaben in einer Extradatei sammeln oder in einer Archivierungssoftware oder mit Hilfe von *Endnote* (Verweis einfügen). Zum Schluss fügen Sie dann alle bibliografischen Angaben als Literaturverzeichnis Ihrer Abschlussarbeit sozusagen per Mausklick hinzu.

Abb. 18: Text mit Arbeitsaufträgen – Beispiel

Wenn Sie an einem kurzen Text arbeiten, arbeiten Sie weiterhin in einer einzigen Datei. Ist bereits ein umfangreicher Text entstanden, wird die Arbeit übersichtlicher, wenn Sie das große Dokument in mehrere kleine Teile zerlegen. Legen Sie z. B. pro Abschnitt eine eigene Datei an. Nennen Sie die Dateien zum Beispiel Einleitung, Methoden, Versuchsdurchführung usw.

Speichern Sie jedes Mal, wenn Sie an einer Datei arbeiten, diese unter einem neuen Datum ab, nach dem Muster „Name Jahr_Monat_Tag", z. B. *Einleitung 08_10_05*, *Einleitung 08_10_06* usw. Die Dateien bilden so eine chronologische und übersichtliche Liste, bei der die aktuelle Version immer ganz unten bzw. ganz oben steht. Wenn nun ein technischer Fehler in einer Version auftritt, können Sie solange zu früheren Versionen zurückkehren, bis Sie eine fehlerfreie Version gefunden haben.

Schreiben Sie dann die einzelnen Abschnitte und führen Sie die Dateien am Ende in einem Haupttext zusammen.

6.2 Upside down: Puzzleschreiben

Niemand erwartet von Ihnen, dass Sie die einzelnen Teile des Textes in der Chronologie schreiben, in der sie in der Abschlussarbeit erscheinen. Zwar müssen Sie Ihre Textteile im Gesamttext in einer logischen und nachvollziehbaren Reihenfolge zusammenfügen. Das sagt aber nichts über die Reihenfolge ihres Entstehungsprozesses aus. Ihr Text muss logisch aufgebaut sein, Sie müssen die einzelnen Abschnitte und Unterabschnitte jedoch nicht chronologisch schreiben!

Zerlegen Sie also Ihren Gesamttext in kleine überschaubare Puzzle-Teile, die Sie schreiben, wann immer Sie wollen. Diese Vorgehensweise nenne ich Puzzleschreiben:

- Schreiben Sie zuerst die Textteile, die Ihnen keine oder wenig Schwierigkeiten bereiten. Auf diese Weise verschaffen Sie sich nebenher kleine Erfolgserlebnisse, wenn Sie sehen, wie Ihr Text allmählich wächst.
- Andere Textteile wiederum schreiben Sie erst, wenn die anderen Abschnitte fertiggestellt sind, z. B. das Fazit oder die Schlussfolgerung. Das gleiche gilt für Abstract und Einleitung.
- Das Literaturverzeichnis wiederum entsteht fortlaufend. Erfassen Sie jedes Mal, wenn Sie ein Buch oder einen Fachartikel gelesen haben, die genauen bibliografischen Angaben in einer Extradatei, in einer Archivierungssoftware oder mit Hilfe von Endnote. Zum Schluss fügen Sie dann alle bibliografischen Angaben als Literaturverzeichnis Ihrer Abschlussarbeit per „Mausklick" hinzu.

Tipp

Legen Sie sich die Gliederung der gesamten Arbeit als Papierversion auf Ihren Schreibtisch: So behalten Sie beim Puzzleschreiben den Überblick.

Noch ein Hinweis: Auch wenn das Optimieren der Rohversion erst Schwerpunkt der nächsten Phase ist, sind kleinere **Textoptimierungen** jederzeit sinnvoll. Immer wenn Sie nach einer Pause den Einstieg in Ihren Text nicht wiederfinden, lesen Sie den letzten Abschnitt und überarbeiten ihn dabei gleichzeitig ein wenig:

- Verbessern Sie einzelne Worte.
- Verschieben Sie einen Absatz.
- Fügen Sie fehlende Informationen ein, die Sie in der Zwischenzeit nachrecherchiert haben.
- Verbinden Sie Textteile durch „Brückensätze", die bislang noch unverbunden nebeneinander stehen usw.

So finden Sie den Einstieg in den Text wieder und überarbeiten ihn gleichzeitig sukzessive.

6.3 Bottom up: kreatives Schreiben

Die Kreativitätstechniken Clustern und Freewriting helfen Ihnen, die Fülle von Gedanken auf das Papier zu bringen und Ihren Kopf von unnötigem Ballast zu befreien.

6.3.1 Clustern

Die Methode des Clusterns wurde von der Amerikanerin Gabriele L. Rico entwickelt. Clustern ist eine Vorstufe der Textentstehung, bei der Ideen und Assoziationen zu einem Begriff trauben- oder netzartig als Cluster (dt.: Traube, Haufen, Bündel) auf dem Papier visualisiert werden.

Clustern ähnelt auf den ersten Blick dem Mind-Mapping (s. Abschn. 5.4.1). Beim Clustern arbeiten Sie jedoch ausschließlich assoziativ, so wie es Ihnen in den Sinn kommt, auch wenn Ihre Gedanken nichts mit dem Thema zu tun haben. Mind-Mapping hat dagegen zum Ziel, Ideen und Aspekte zu ordnen und – oft hierarchisch – zu strukturieren.

Das nicht-zensierende Vorgehen beim Clustern führt in vielen Fällen zu einem Schreibimpuls und hilft Ihnen Zusammenhänge zu erkennen, die Ihnen bislang noch unbewusst waren.

Clustering – Schritt für Schritt

1. Schreiben Sie in die Mitte eines leeren Blattes (möglichst unliniert, mindestens DIN-A-4, möglichst Querformat) das Thema, den Kern Ihres Clusters.
2. Umkreisen Sie das Thema mit dem Stift, so lange bis Ihre Gedanken zu fließen beginnen und Sie eine Idee haben.
3. Notieren Sie *jede* Idee als Stichwort auf dem Blatt, beliebig verteilt rund um das zentrale Thema. Notieren Sie auch die Ideen, die scheinbar nichts mit dem Thema zu tun haben.
4. Jedes neue Stichwort kann der Kern für weitere Assoziationen sein. Auf diese Weise entstehen ganze Assoziationsketten und -netze.
5. Gerät Ihr Gedankenfluss ins Stocken, umkreisen Sie einen beliebigen Begriff, bis Ihre Gedanken wieder fließen.
6. Verbinden Sie, wenn Sie wollen, die so entstehenden Stichworte und Begriffe miteinander, sodass Ketten, Verzweigungen oder Strahlen entstehen, je nach Sinnzusammenhang.
7. Nach zwei bis zehn Minuten Clustern kommt oft „wie von selbst" ein Schreibimpuls. Der Impuls macht sich meistens bemerkbar, wenn Sie aufhören, einzelne Stichworte zu schreiben, sondern – oft unbewusst – ganze Sätze zu formulieren beginnen.
8. Stellt sich dieser Impuls ein, beginnen Sie einfach auf einem neuen Blatt, den Fließtext zu schreiben.
9. Wenn Sie wollen, lassen Sie Begriffe aus Ihrem Cluster teilweise oder vollständig in den Text einfließen.
10. Schreiben Sie ohne Ihre Ideen zu zensieren, zügig und unkritisch gegenüber Grammatik, Rechtschreibung oder Stil.

Clustern eignet sich besonders, wenn Sie einen Einstieg in den Text suchen oder Formulierungsschwierigkeiten haben. Abb. 19 zeigt ein Beispiel-Cluster, aus dem dieses Kapitel entstanden ist.

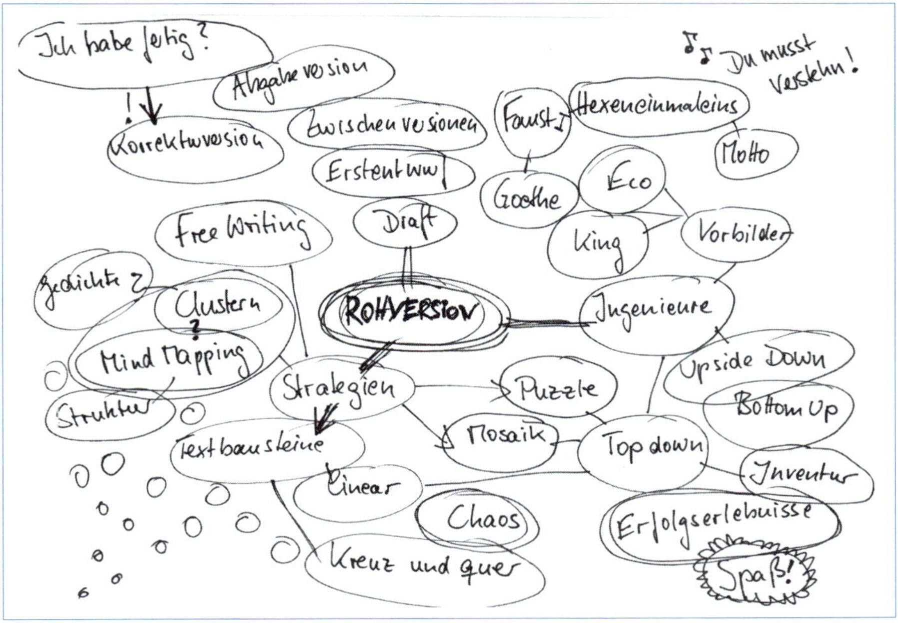

Abb. 19: Cluster – Beispiel zu dem Thema „Rohversion“

6.3.2 Freewriting

Eine weitere Technik des kreativen Schreibens ist das Freewriting (auch bekannt unter den Bezeichnungen: Freies oder Automatisches Schreiben) und wurde von Ken Macrorie in den 1960er Jahren entwickelt.

Stellen Sie sich stark vereinfacht Ihr Gehirn als ein Ladengeschäft vor, in dem Sie hinten ein Lager haben und vorn den Verkaufsraum. Das Freie Schreiben entspricht in dieser Metapher einer spontanen Verkaufsaktion, nach dem Motto „Alles muss raus!“. So schaffen Sie Platz im Laden und Raum für neue Gedanken und Ideen, die sozusagen aus dem Lager nachrutschen können, weil vorn im Laden wieder Platz ist.

Free Writing Schritt für Schritt

1. Nehmen Sie sich 20 bis 30 Minuten Zeit. Stellen Sie sich eventuell einen Wecker.
2. Schreiben Sie nun möglichst schnell und ohne Unterbrechung alles auf, was Ihnen einfällt. Wenn die Zeit um ist, hören Sie auf.

3. Alles ist erlaubt: Satzfragmente, Wiederholungen, Assoziationen, Wortlisten, Zitate usw. Sie können zu einem Thema schreiben, müssen es aber nicht. Wenn Sie das Thema wechseln, ist das in Ordnung!
4. Schreiben Sie ohne viel darüber nachzudenken. Wenn Sie anfangen zu denken, schreiben Sie auf, was Sie denken.
5. Fällt Ihnen nichts ein, wiederholen Sie einfach die letzten Worte oder bewegen Sie den Stift wellenartig über das Papier, bis Sie eine Idee haben. Oder schreiben Sie irgendwas wie: „Was soll der Blödsinn?".
6. Achten Sie nicht auf Grammatik, Rechtschreibung oder Stil.
7. Denken Sie nicht darüber nach, ob das, was Sie schreiben, gut oder sinnvoll ist.
8. Zeigen Sie das, was Sie geschrieben haben, niemanden. Es ist nur für Sie bestimmt!

Free Writing hat verschiedene erprobte Wirkungen:

In Ihrem fachlichen Schreibprojekt hilft das Free Writing Ihnen, wenn Sie zu viele Gedanken auf einmal haben sollten. Es entlastet Ihre Denktätigkeit und hilft Ihnen, sich auf Ihr Thema zu fokussieren, selbst wenn Sie beim freien Schreiben nichts über Ihr Thema geschrieben haben. Free Writing fördert Ihre Fähigkeit zu reflektieren. Wenn Sie ein fachliches oder auch ein persönliches Problem haben, schreiben Sie das Problem auf und überlegen schriftlich, wie Sie das Problem lösen können. Oder Sie schreiben alles auf, was Sie daran hindert, das Problem zu lösen. Sie werden mit der Zeit merken, dass allein das unzensierte Schreiben über ein Problem schon Teil der Lösung werden kann.

Selbst wenn Sie einen Text, der beim Free Writing entstanden ist, nicht verwenden können, weil er zu konfus und wirr geworden ist, hilft Ihnen Free Writing dabei, mit der Zeit Ihren Stil zu entwickeln und beim Schreiben flüssiger zu werden.

Manche Menschen fühlen sich nach dem Free Writing sogar ausgeruht und erfrischt und bewältigen ihre weiteren Arbeiten an dem Tag besser.

Tipp

Wann immer Sie beim Schreiben von Texten und Textteilen das Gefühl haben, es sei zu viel los in Ihrem Kopf, nehmen Sie Papier und Stift und schreiben sich erst mal frei.

7 Die Textoptimierung

Vor Ihnen liegt die erste Gesamtversion Ihrer Abschlussarbeit, bestehend aus der Bestandsaufnahme und kleinen Arbeitsaufträgen. Beginnen Sie nun, diesen Text zu optimieren. Damit verlassen Sie den ersten Zyklus Ihres Schreibprojektes, in dem es darum ging, den Inhalt Ihres Projektes für sich selbst zu klären. Im zweiten Zyklus angekommen erklären sie Ihren Inhalt Ihren LeserInnen. Das bedeutet für Sie, dass Sie Ihren Text gründlich überarbeiten werden. Überarbeiten heißt streichen, verschieben, vertauschen, kürzen, ergänzen, umschreiben.

Der Übergang zwischen den Phasen „Textentwurf“ und „Textoptimierung“ ist fließend und geschieht über viele Zwischenversionen. Es ist normal, dass Sie bei der Überarbeitung Ihres Textes selbst zu neuen Erkenntnissen kommen, den Inhalt also für sich selbst erneut klären. Daher überlappen sich die Kreise im Schreibprozessmodell (s. Abb. 1).

Optimieren Sie Ihr Manuskript in mehreren Durchläufen nach Schwerpunkten. Die vier Schwerpunkte sind: Information, Navigation, Visualisierung und Formulierung.

Tipp

» Lassen Sie zwischen einzelnen Optimierungsschritten Ihren Text immer mal wieder ruhen, um Abstand vom Text zu gewinnen. Sie erkennen dann leichter Fehler und Optimierungspotenziale.

Holen Sie auch Feedback zu Ihrem Text ein: von Ihrem Betreuer, von KommilitonInnen oder Freunden. Das Feedback und Ihre eigene kritische Einschätzung dienen in dieser Phase abermals dem Controlling Ihres Projektes.

7.1 Optimieren Sie feldweise!

Die Eigenschaften von Fachtexten lassen sich mit Hilfe von vier Feldern (s. Abb. 20) charakterisieren: Information, Navigation, Visualisierung und Formulierung. Jedes Feld repräsentiert bewusste und unbewusste Entscheidungen, die Sie beim Schreiben Ihres Textes fällen.

- In dem Feld Information entscheiden Sie, ob sie eine Information überhaupt darstellen und wenn ja, wie ausführlich oder knapp.
- Im Feld Navigation entscheiden Sie, wie Sie Ihre LeserInnen durch den Text „navigieren" – mit Hilfe sprachlicher und optischer Wegweiser.
- Im Feld Visualisierung entscheiden Sie, ob und wie Sie einen einzelnen Sachverhalt visualisieren wollen.
- Im Feld Formulierung treffen Sie Entscheidungen zu Wortwahl, Satzbau und Satzlänge.

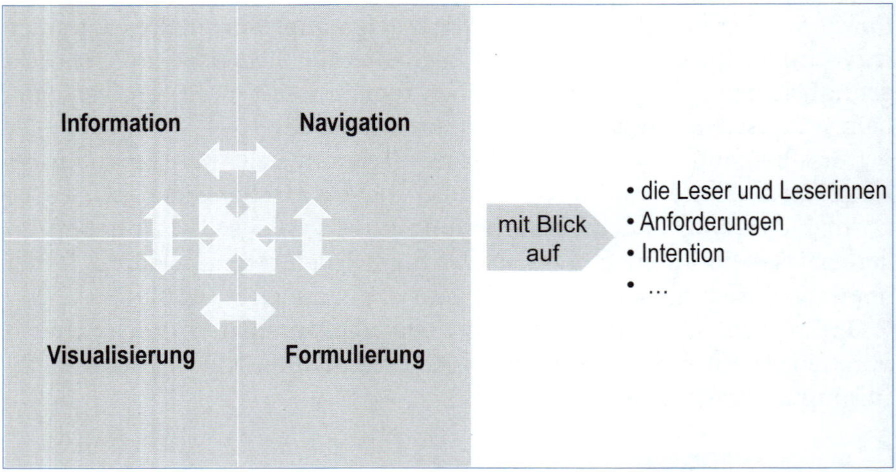

Abb. 20: Den Text optimieren: die vier Entscheidungsfelder

Je nachdem, wie Sie sich entscheiden, werden Ihre Texte für Ihre LeserInnen mehr oder weniger verständlich. Stellen Sie sich daher bei Ihren Entscheidungen Ihre LeserInnen vor, denn von ihnen hängt ab, in welche Richtung Sie Ihre Texte optimieren können oder auch sollten.

Hinzu kommen Anforderungen an Ihre Texte, die Sie einhalten müssen, wie beispielsweise Seitenvorgaben: Wenn in Ihrer Prüfungsordnung steht, dass Ihre Bachelorarbeit ca. 60 Seiten umfassen darf, ist das eine

Anforderung, die Sie einhalten müssen und die ebenfalls Einfluss auf Ihre Entscheidungen in den vier Feldern hat.

Die Pfeile in der Abbildung 20 zeigen außerdem: Wenn Sie in einem Feld eine Entscheidung treffen, wirkt sich diese fast immer auf die anderen Felder aus.

Beispielsweise möchten Sie einen komplexen Prozess mit vielen Teilprozessen darstellen (= Entscheidung im Feld Information). Sie versuchen zunächst, den Prozess mit vielen Worten zu beschreiben (= Entscheidung im Feld Formulierung), stellen jedoch fest: Der Prozess ist zu komplex. Sie stellen daher den Prozess mit Hilfe eines Fließdiagramms dar (= Entscheidung im Feld Visualisierung), das Sie im Text nur noch kurz erläutern (= eine neue Entscheidung im Feld Formulierung). Im Text verweisen Sie außerdem auf die Abbildung (= Entscheidung im Feld Navigation).

Aufgrund der Wechselwirkungen zwischen den Feldern ist es sinnvoll, wenn Sie Ihren Text Feld für Feld optimieren. Effizient ist die folgende Reihenfolge:

1. Information
2. Visualisierung
3. Navigation
4. Formulierung

Bewährt hat sich in der Praxis, zunächst das Feld Information zu optimieren. In diesem Feld geht es darum, ob Sie in Ihrer Arbeit bestimmte Inhalte überhaupt darstellen oder möglicherweise streichen. Ob Sie im Anschluss an dieses Feld zuerst das Feld Visualisierung oder das Feld Navigation optimieren, bleibt Ihnen und Ihrer persönlichen Vorgehensweise überlassen. Da sich Änderungen in den ersten drei Feldern immer auch auf das Feld Formulierung auswirken, ist es jedoch sinnvoll, wenn Sie die Formulierungen erst am Ende für die gesamte Arbeit überarbeiten.

Tipp

>> Lesen Sie zum Schluss Ihren gesamten Text noch einmal und überprüfen anhand der Checkliste in Abschnitt 7.6.2, ob Sie an alles gedacht haben.

In den folgenden Abschnitten erfahren Sie, wie Sie Ihre Fachtexte nach einfachen Regeln optimieren können. Dabei geht es jedoch nicht darum, wie Sie witzig, originell oder individuell schreiben können. Hinweise dazu finden Sie in einschlägiger journalistischer Literatur, besonders zu dem Bereich Wissenschaftsjournalismus.

7.2 Dosieren Sie die Information!

Sie schreiben einen Text, weil Sie Informationen haben, die Ihre Leser und Leserinnen nicht haben. Ihre LeserInnen lesen Ihren Text, weil Sie sich zu einem Thema informieren wollen. Sie fühlen sich dann informiert, wenn sie in Ihrem Text etwas Neues, Unbekanntes lesen. Sie möchten aber auch wissen, ob Ihre Ergebnisse zuverlässig und vertrauenswürdig sind.

Zwei Fragen sind dabei für Sie beim Schreiben wichtig: Welche Informationen brauchen Ihre LeserInnen überhaupt und wie ausführlich oder *dicht* müssen die ausgewählten Informationen dargestellt werden?

In den folgenden Abschnitten erfahren Sie mehr über den Zusammenhang zwischen Informationsauswahl und -dichte. Sie bekommen außerdem anhand von Beispielen Hinweise, wie Sie Informationsauswahl und -dichte variieren können.

Informationsauswahl und Informationsdichte

Was können Sie bei Ihren Lesern und Leserinnen an Wissen voraussetzen und was müssen Sie erst noch erklären? Und was können Sie genauso gut weglassen, ohne dass die Ergebnisse nicht mehr nachvollziehbar sind? Wo genau sollen Sie mit den Erklärungen und Erläuterungen anfangen? Müssen Sie viele Sachverhalte erläutern, erklären und herleiten oder können Sie auf hohem Niveau einsteigen?

Optimieren Sie die Informationsauswahl

- Besinnen Sie sich auf die inhaltliche Zielsetzung Ihres Textes.
- Wählen Sie entsprechend der Zielsetzung die aus Ihrer Sicht relevanten Informationen aus. Stellen Sie nur die für die Zielsetzung wesentlichen Sachverhalte dar.
- Streichen Sie alles was nicht zielführend ist. Reduzieren Sie also die Informationsfülle.
- Vermeiden Sie aber, dass für Ihre LeserInnen Verstehenslücken entstehen. Fügen Sie *zusätzliche* Informationen hinzu, wo immer notwendig. Oft reicht schon ein Satz, um einen zu großen Abstand zwischen zwei Informationen zu überbrücken.

Leider können Sie nicht wissen, was Ihre LeserInnen schon wissen und was sie genau wissen möchten. Aber Sie können abschätzen, welche Informationen für Ihre LeserInnen tatsächlich neu oder für das Verstehen Ihrer Arbeit wesentlich sind:

- Im Fall Ihrer Bachelor- oder Masterarbeit ist Ihr Betreuer oftmals Ihr einziger Leser und Sie können ihn einfach fragen, was er wissen muss und was sie entsprechend darstellen sollten.
- Oder Sie bitten KommilitonInnen aus Ihrem Studiengang oder ArbeitskollegInnen aus Ihrem Fach um Feedback (Mehr zum Feedback lesen Sie in Abschn. 7.6.1).
- Oft kann auch das Feedback Fachfremder Ihnen helfen, einzuschätzen, welche Informationen Sie für Ihren Text auswählen müssen.

Tipp

Wechseln Sie bei der Auswahl der Informationen immer wieder die Perspektive. Überlegen Sie im Wechsel, was aus Ihrer Sicht und was für Ihre LeserInnen wichtig ist.

Wenn Sie entschieden haben, welche Informationen Sie vermitteln wollen, überlegen Sie, wie ausführlich Sie die Informationen darstellen wollen oder müssen. Variieren Sie also die **Informationsdichte**. Die Informationsdichte gibt an, wie viele Informationen pro Textlänge enthalten sind.

Übung

Vergleichen Sie die beiden folgen Beispiele hinsichtlich der Anzahl der Informationen, der Anzahl der Worte und der Sätze.

1. Der blaue dreibeinige Holztisch steht im Wohnzimmer.
2. Das ist ein Tisch. Der Tisch ist aus Holz. Er steht im Wohnzimmer. Er hat drei Beine. Er ist blau.

Lösung

Beide Beispiele enthalten fünf Informationen:

1. Thema: Tisch
2. Material: Holz
3. Farbe: blau
4. Anzahl der Beine: vier
5. Ort: Wohnzimmer

Im ersten Beispiel verteilen sich die fünf Informationen auf sieben Worte in einem Satz, im zweiten Beispiel hingegen auf zwanzig Worte und fünf Sätze. Die Informationsdichte im ersten Beispiel ist daher höher als in dem zweiten Beispiel.

Da die Informationen in dem Beispiel aber alltäglich sind, würde für viele LeserInnen die erste Variante angemessener erscheinen, während die zweite Variante in einem Sprachlehrwerk oder einem Buch für Kinder passend wäre.

Eine hohe Informationsdichte ist nicht zwangsläufig „schlecht“, sondern es hängt entscheidend von der Art der Information und dem Vorwissen der Adressaten ab, wie dicht die Information sein darf oder sollte:

Optimieren Sie die Informationsdichte:

- Senken Sie die Dichte der Informationen!
  - → Wann? Immer, wenn es um inhaltlich Wesentliches geht, um komplexe Sachverhalte oder um Informationen, die für Ihre LeserInnen komplett neu sind.
  - → Wie? Werden Sie im Text „kleinstufiger“. Jeder Satz enthält maximal eine Information. Verteilen Sie besonders komplexe Informationen sogar auf mehrere Sätze.
- Erhöhen Sie die Dichte der Informationen!
  - → Wann? Immer, wenn es um eigentlich Bekanntes geht, dass Sie der Vollständigkeit halber erwähnen wollen oder müssen oder wenn Sie einen Anknüpfungspunkt für Ihre Argumentation brauchen.
  - → Wie? Fassen Sie die wesentlichen Informationen in einem Satz zusammen. Verweisen Sie auf weiterführende Quellen. Weitere Möglichkeiten finden Sie auch in den Abschnitten 5.3 und 7.2.3.

Das folgende **Optimierungsbeispiel** verdeutlicht, wie Sie die Informationsauswahl und -dichte variieren können und so die Verständlichkeit Ihres Textes erhöhen:

Die Sachbilanz ist die Basis für die darauf aufbauenden Stufen Wirkungsabschätzung und Auswertung der Ökobilanz. Fehler in der Sachbilanzierung können in diesen Folgestufen der Ökobilanz nicht vorsätzlich kompensiert werden.

Es handelt sich bei dem Beispiel um die ersten beiden Sätze einer Einleitung aus *Aufwands- und ergebnisrelevante Probleme der Sachbilanzierung.* Der Autor verwendet Fachbegriffe (Sachbilanz, Wirkungsabschätzung, Ökobilanz), ohne diese zu erläutern, ein eingeschobenes Attribut („die darauf aufbauenden") und eine Substantivierung („Sachbilanzierung") und braucht dafür insgesamt 29 Worte, verteilt auf zwei Sätze.

Die Informationsdichte wirkt dadurch recht hoch: Vermutlich braucht der Autor einen Einstieg in das Buch und in die eigene Argumentation und fasst dazu einen Sachverhalt zusammen, den er eigentlich bei den LeserInnen als bekannt voraussetzt.

Für alle, die die Methode der Ökobilanz kennen – denn um die geht es in dem Buch – bereitet der Satz keine Schwierigkeiten. Für diejenigen, die die Methode nicht kennen und nicht wissen, was eine Ökobilanz ist, wirkt der Satz unverständlich. Für diese LeserInnen können Sie die fehlende Information ergänzen:

Die Ökobilanz ist eine Methode, mit der Umweltbelastungen eines Produktes systematisch erfasst werden können.

Die Dichte können Sie senken, indem Sie das eingeschobene Attribut z. B. in eine nummerierte Aufzählung umwandeln:

Schritte der Ökobilanz sind: 1. Sachbilanz, 2. Wirkungsabschätzung, 3. Auswertung.

Hintereinander gelesen ergibt sich so:

Die Ökobilanz ist eine Methode, mit der Umweltbelastungen eines Produktes systematisch erfasst werden können. Schritte der Ökobilanz sind: 1. Sachbilanz, 2. Wirkungsabschätzung, 3. Auswertung. Fehler in der Sachbilanz setzen sich über die nachfolgenden Schritte fort und können dort nicht mehr kompensiert werden.

In dem optimierten Beispiel ist die Informationsdichte gemessen an der Zahl der Worte (42) und der Zahl der Sätze (3) zwar gesunken, gleichzeitig wurde aber die Anzahl der Informationen durch die ergänzende Erklärung des Begriffes Ökobilanz erhöht.

Sie sehen: Die Verständlichkeit eines Satzes können Sie ganz einfach erhöhen, indem Sie Informationsauswahl und -dichte verändern.

7.2.2 Fachterminologie und fachspezifische Abkürzungen

Fachterminologie und fachspezifische Abkürzungen sind hochverdichtete Informationen.

Fachterminologie, die Sie bei Ihren LeserInnen nicht als bekannt voraussetzen, sollten Sie daher *immer* erläutern. Sie können aber entscheiden, wie ausführlich die Erläuterung sein muss:

Wollen Sie den Begriff lediglich grob in einen fachlichen Zusammenhang einordnen, reicht schon ein halber Satz, wie das folgenden Beispiel aus einem Artikel über *„freie Radikale“* zeigt:

Hohe körperliche Belastung geht mit einer gesteigerten Generierung freier Radikale (reactive oxygen and nitrogen species, RONS) einher. (Unterstreichung durch die Autorin).

Definieren oder erklären Sie immer dann ausführlich, wenn Sie kein Vorwissen voraussetzen:

Als freie Radikale gelten Atome oder Moleküle, die ein oder mehrere ungepaarte Elektronen aufweisen und infolgedessen eine ausgeprägte chemische Reaktivität besitzen. Wichtigste Vertreter sind das Superoxid- (O2-), Hydroxyl (OH) oder Stickoxidradikal (NO). In Abhängigkeit ihres zentralen Atoms (...) (Unterstreichung durch die Autorin*)*

Wollen Sie wichtige definitorische Unterschiede darstellen, brauchen Sie ausführliche Begriffsbestimmungen. Wie eine Begriffsbestimmung aussehen kann, zeigt das folgende Beispiel aus einem Lehrbuch über Projektmanagement:

In der Literatur finden sich zahlreiche Versuche, den Begriff ‚Projekt‘ zu definieren. Geht man auf den lateinischen Ursprung des Wortes zurück (Proiectum = das nach vorn Geworfene), so werden bereits wesentliche Merkmale von Projekten sichtbar. Heute werden in wissenschaftlichen Publikationen v.a. folgende Projektmerkmale hervorgehoben: (...) (vgl. dazu Beck (...) 42 ff.). Im

Rahmen der DIN-Norm 69901-5 wird der Projektbegriff definiert. Danach ist ein Projekt ein Vorhaben, das (...). Allerdings wird mit dieser DIN-Normierung den Definitionsversuchen kein Ende bereitet, da diese Definition auch Fragen aufwirft. So wird etwa nicht geklärt, was unter (...) zu verstehen ist. Wir definieren: Ein Projekt ist ein Vorhaben, das (...)

Gibt es wiederum für denselben fachlichen Gegenstand oder Sachverhalt verschiedene Bezeichnungen, stellen Sie die verschiedenen Bezeichnungen mit Quellenangaben kurz dar und wählen im Anschluss die Bezeichnung aus, die Sie verwenden werden. Begründen Sie – kurz – Ihre Auswahl und verwenden Sie diese Bezeichnung dann durchgängig in Ihrem Text.

Tipp

» Für die LeserInnen aus Ihrem Fach brauchen Sie im Fach gebräuchliche Grundlagenbegriffe im Allgemeinen nicht zu erklären oder zu definieren, sondern können sie einfach verwenden.

Erläutern Sie auch **fachspezifische Abkürzungen**. Schreiben Sie dazu bei erster Nennung im Text zunächst die vollständige Bezeichnung (also die „Langform") und setzen Sie direkt hinter die Langform die Abkürzung in Klammern.

Tipp

» Der Artikel der Abkürzung richtet sich im Allgemeinen nach der Langform.

Verwenden Sie dann diese Abkürzung einheitlich und durchgängig in Ihrem weiteren Text, wie Sie in dem Beispiel aus einer Dissertation über *Maßnahmen zur Reduzierung von Kunststoffen in Bioabfällen* sehen können:

Die polychlorierten Biphenyle (PCB) sind (...) ubiquitär in der Umwelt verteilt (...). Die PCB-Konzentrationen (...). Langfristig ist mit einer Abnahme der PCB-Belastung (...) zu rechnen, da die Einstellung der PCB-Produktion (...).

Tipp

>> Verwenden Sie Fachbegriffe und fachspezifische Abkürzungen in Ihrem Text immer einheitlich. Variieren Sie sie nicht.

7.2.3 Informationen aus Quellen Dritter

Auch wenn Sie in Ihren Texten Informationen aus Quellen Dritter zu bestimmten Fragestellungen auswerten und zusammenstellen, können Sie über Auswahl und Dichte der übernommenen Literaturstellen entscheiden:

Kommen unterschiedliche AutorInnen zu ähnlichen Ergebnissen oder haben ähnliche Untersuchungen durchgeführt, können Sie die Gemeinsamkeit in einem Satz zusammenfassen, wie das Beispiel aus dem Artikel über *Drug-eluting Stents* zeigt:

In einer Reihe von Studien konnte gezeigt werden, dass die Mortalität nach perkutaner Koronarintervention (PCI) und Bypassoperation vergleichbar ist [2–4, 11, 15,19, 20, 22, 24].

(Anmerkung: Die Zahlen in den eckigen Klammern sind die Quellenverweise in der Originalquelle.)

Setzen Sie eine Information entweder als bekannt voraus oder wollen sich aus Platzgründen damit in dem eigenen Text nicht ausführlich beschäftigen, reicht ein Verweis auf die weiterführende Literatur. Das folgende Beispiel aus dem Artikel *Model predictive control of a rotary cement kiln* zeigt Ihnen, wie:

An overview of the cement production process can be found in Peray (1986) or Sahasrabudhe, Sistu, Sardar, and Gopinath (2006).

Oder Sie möchten die Methode, mit deren Hilfe Sie Ihre Daten gewonnen oder ausgewertet haben, lediglich erwähnen, aber nicht ins Detail gehen. Wie Sie in dem folgenden Beispiel aus der Dissertation zur *Reduzierung von Kunststoffen in Bioabfällen* sehen, kann es reichen, wenn Sie schreiben:

Die Zugversuche wurden mittels einer Universal-Materialprüfmaschine mit automatischer Datenerfassung und -verarbeitung der Fa. Instron vom Typ 4507 unter Beachtung der DIN EN ISO 527-1 [4] durchgeführt.

Wenn Ihre LeserInnen wissen wollen, wie die Zugversuche im Detail durchgeführt wurden, müssen sie die entsprechende Norm hinzuziehen.

7.3 Visualisieren Sie!

IngenieurInnen nutzen Visualisierungen, um für sich selbst Sachverhalte zu klären und um den LeserInnen Sachverhalte zu erklären. Visualisierungen sind typisch für ingenieurwissenschaftliche Fachtexte: Fast jede Seite wird durch Grafiken, Diagramme, Tabellen, Karten, Organigramme usw. „verziert".

In den folgenden Abschnitten lesen Sie, welche Visualisierungsart sich für welchen Zweck eignet, wie Sie sie variieren können, was Sie dabei beachten sollten und wie Sie Ihre Visualisierungen in den Text sprachlich einbinden.

7.3.1 Was visualisieren Sie wie?

Ein Bild sagt mehr als 1000 Worte. Und auch mehr als 1000 Einzeldaten. Warum ist das so? Weil „Datenhaufen" in einem Diagramm komprimiert, konzentriert und dadurch verdichtet werden. Hinzu kommen zusätzliche grafische Elemente wie der Einsatz von Farben, Pfeilen, Formen, die ein Text allein mit Worten nicht bietet oder für die sehr viele Worte notwendig wären, um einen ähnlichen Effekt mit dem Text zu erzielen. Aussagen werden schneller erfassbar, weil sich die Visualisierungen auf das Wesentliche konzentrieren.

Überlegen Sie daher bei hohen Datenmengen immer, ob Sie nicht besser auf visuelle Darstellungsweisen ausweichen sollten. Es stehen Ihnen vielfältige Möglichkeiten zur Verfügung, um auf ökonomische und präzise Art Informationen zu vermitteln, die sich nur schwer in Worte fassen lassen.

Wählen Sie die Visualisierungsart, die der Aussage, die Sie machen wollen, am ehesten entspricht. Jeder Sachverhalt verlangt nach einer eigenen Visualisierungsart.

In **Tabellen** gruppieren und kategorisieren Sie Daten und Informationen in Zeilen und Spalten. Sehr umfangreiche Daten können Sie zusammenfassen, indem Sie beispielweise nur Spannen angeben, nach dem Muster „10 Messwerte liegen im Bereich von 1-10, 7 im Bereich von 11-18 usw.". Oder Sie lassen Daten weg, indem Sie nur die „Highlights" der

Messwerte darstellen: Höhepunkte, Wendepunkte, Beginn und Ende, Ausreißer etc.

Mit **Grafiken**, **Skizzen** oder **Zeichnungen** veranschaulichen Sie komplexe Sachverhalte, beispielweise:

- Prozesse und Abläufe
- Verhaltensänderungen von Stoffen
- Funktionsweisen von Anlagen
- komplexe, detailreiche Gegenstände
- komplexe und abstrakte Strukturen, Systeme, Modelle u. ä.

Diagramme eignen sich, wenn Sie quantitative Zusammenhänge zwischen Ihren Rohdaten sichtbar machen wollen: Häufigkeitsverteilungen, eine zeitliche, räumliche oder sachliche Abfolge. Eine Vielzahl von unterschiedlichen Diagrammarten wie Stab-, Balken-, Kreis-, Linien- oder Flächendiagramme steht Ihnen zur Verfügung.

Fotos und andere realitätsgetreue Abbildungen wie beispielsweise Aufnahmen mit dem Elektronenmikroskop setzen Sie ein, wenn es Ihnen um eine große Realitätsnähe geht: Diese Arten der Darstellung bilden verkleinert, vergrößert oder im Maßstab 1:1 einen Ausschnitt aus der Realität ab. Diese Art von Abbildungen enthält eine ähnliche visuelle Information wie der Realitätsausschnitt selbst, den sie abbildet. **Karten** sind ebenfalls realitätsgetreue Abbildungen, weisen aber gegenüber Fotos einen höheren Abstraktionsgrad auf.

> **Tipp**
>
> Welche Visualisierungsart Sie verwenden können und dürfen, hängt auch davon ab, welche Darstellungsweisen in Ihrem Fach üblich und anerkannt sind.

Beachten Sie: Die gewählte Visualisierungsart muss dem dargestellten Sachverhalt entsprechen und darf die Aussage nicht verfälschen oder verdecken. Wenn Sie z. B. nur zehn Daten erfasst haben, täuschen Balken- oder Tortendiagramme Datenmengen vor, die in der Realität nicht existieren.

Ebenso verhält es sich bei der Umwandlung geringer Datenmengen in Prozentangaben. Wenn Sie beispielweise nur zehn Messdaten haben, ist es sinnvoller, Sie schreiben: „acht von zehn Messwerten liegen über dem Wert x“, anstelle von: „80 % der Messwerte liegen über dem Wert X“.

Sie haben innerhalb der von Ihnen gewählten Visualisierungsart noch zahlreiche Möglichkeiten, diese zu variieren und dadurch die Aussage für Ihre LeserInnen deutlicher herauszuarbeiten:

Optimieren Sie Ihre Visualisierungen!

- Stellen Sie visuell wahrnehmbare Veränderungen mit einer Abfolge oder Kombination von Skizzen oder Fotos dar.
- Variieren Sie bei stark abstrahierten Darstellungen Form, Größe oder Farbe von Elementen.
- Beschränken Sie sich auf wenige Details und lassen Sie die für Ihre Zielsetzung oder das Verständnis unwesentlichen Details weg. So wird Ihre Visualisierung übersichtlicher.
- Wählen Sie – wo möglich – auch eine dreidimensionale Darstellungsweise.
- Nutzen Sie Pfeile zur Verdeutlichung von Richtungen und Zusammenhängen. Und: Auch Pfeile können Sie hinsichtlich der Strichstärken, Pfeilgrößen und -formen variieren.

Achten Sie auf die **Einheitlichkeit der Darstellungsweisen** innerhalb Ihrer Arbeit: Wenn Sie beispielsweise mehrere Prozessketten in Ihrem Text darstellen wollen, sollte die Leserichtung einheitlich sein, d. h. entweder verlaufen alle Prozessketten von oben nach unten oder von links nach rechts, aber nicht abwechselnd.

Wenn Sie Visualisierungen aus anderen Quellen übernehmen, bearbeiten Sie sie in einem Zeichenprogramm nach und passen die Darstellungsweise Ihrer Arbeit an. Andere Autoren haben mit ihren Visualisierungen andere Zielsetzungen verfolgt als Sie. Die Quellen müssen Sie dennoch angeben, ggf. mit dem Zusatz: „angepasst nach Autorenname (Jahreszahl)“ oder auch „stark verändert nach Autorenname (Jahreszahl)“.

7.3.2 Wie verbinden Sie Text und Visualisierung?

In einem Fachtext sind Abbildungen und Text gleichberechtigte Informationsträger. Fügen Sie daher die Visualisierung an der entsprechenden Stelle in den Text ein und nicht erst einige Seiten später.

Achten Sie auch darauf, dass die Aussagen von Tabelle bzw. Abbildung und Ihrem Text übereinstimmen oder einander ergänzen, sich aber auf keinen Fall widersprechen. Dazu gehört auch, dass Sie beispielsweise in einem Flussdiagramm keine Fachbegriffe verwenden, die in Ihrem Text nicht erscheinen.

Verweisen Sie im Text auf die Abbildung oder Tabelle. Dadurch lenken Sie die Aufmerksamkeit Ihres Lesers auf die Visualisierung. Dazu geben Sie Ihrer Visualisierung eine nummerierte Beschriftung.

Die Beschriftungen sind meist sehr kurz. In Ingenieurdisziplinen mit hohem naturwissenschaftlichem Anteil können Beschriftungen aber auch umfangreiche Beschreibungen und Erläuterungen der Visualisierung enthalten, die sich über mehrere Zeilen erstrecken.

Beschriftungen bestehen aus:

- der Art der Darstellung (abgekürzt: Tab., Abb. oder ausgeschrieben: Tabelle, Abbildung)
- der laufenden Nummer
- ggf. der Quellenangabe

Beschriften Sie außerdem innerhalb Ihrer Visualisierung immer alle wesentlichen Elemente (ggf. mit Legende).

Bei Tabellen befindet sich die Beschriftung über der Tabelle. Bei Abbildungen, Grafiken, Diagrammen, Fotos etc. befindet sich die Beschriftung *unter* der gewählten Visualisierung.

Im Text verweisen Sie nun auf die entsprechende Nummer der Visualisierung.

Formulierungen, um auf Abbildungen und Tabellen zu verweisen:

- ... (s. Abb. 8)
- ... zeigt Abb. 7
- Bild 1 zeigt...
- ... wie in Abb. 9 ersichtlich,...
- ... ist aus Abbildung 7 zu ersehen...
- ... ist in Abb. 25 dargestellt
- Die in Abb. 9 aufgeführten... stellen... dar
- Der lineare Verlauf ist im rechten Teil von Abb. 3 deutlich erkennbar...
- ... wie aus Bild 13 hervorgeht...

Nennen Sie bei Visualisierungen die Quellen. Wenn Sie aus verschiedenen Informationen oder Zahlenwerten, die Sie in der Literatur gefunden haben, eine Tabelle selbst zusammenstellen, müssen Sie die Quellen der

Zahlenwerte nennen. Ein Umsetzungsbeispiel haben Sie bereits in Abschn. 5.2.1 gesehen.

Auch wenn Sie in einem Buch eine Abbildung gefunden haben, die gut in Ihre Arbeit passt und die Sie direkt übernehmen oder mit einem Zeichenprogramm etwas nachbearbeiten: Nennen Sie die Quelle!

Das gilt ebenfalls, wenn Sie aus verbalen Informationen in einem Text eine Abbildung selbst zusammenstellen. Die Informationen stammen dennoch aus einer fremden Quelle. Die Quelle muss also genannt werden. Sinnvollerweise arbeiten Sie die Quellen in die Beschriftung der Abbildung ein, wie Sie in Abb. 21, die dem Bericht zu *Vorbehandlungsverfahren für Oberflächen* entnommen ist, sehen können.

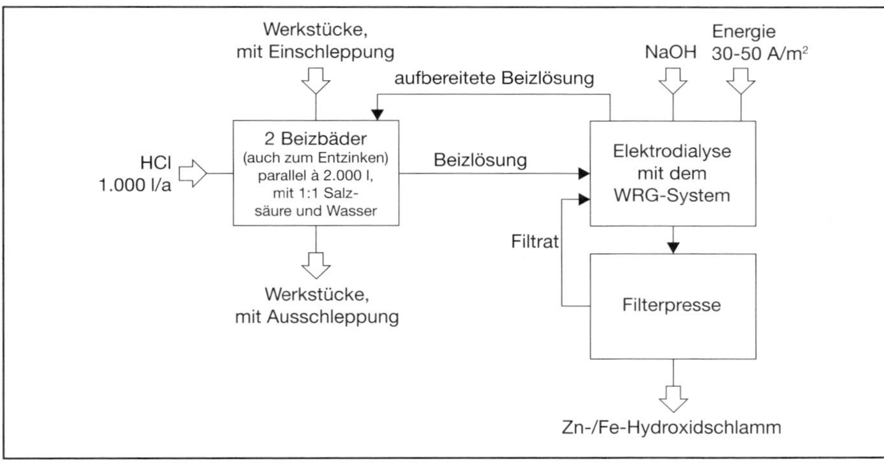

Bild 3.8-5: Grundfließbild zur Elektrodialyse beim Beizen von Stahl mit Salzsäure mit dem WRG-System des Anlagenanbieters Winfried Bayer Galvanotechnik, Engelsberg [279; 409; 648]

Abb. 21: Beispiel zur Zitierweise von Abbildungen

Das Diagramm in Abb. 21 ist aus drei Quellen entstanden. Diese Quellen sind als Ziffern in eckigen Klammern in der Beschriftung der Abbildung angegeben. Es wird jedoch nicht ersichtlich, welcher Teil der Abbildung sich auf welche Information aus welcher Quelle stützt. Das ist ungünstig und sollte im Text erläutert werden.

Wenn Sie Ihre selbst erhobenen Daten in einer Tabelle oder einem Diagramm darstellen, ist es in einigen Fachgebieten üblich, anstelle der Quellenangabe in Klammern „eigene Darstellung" zu schreiben. Damit machen Sie deutlich, dass die Visualisierung tatsächlich von Ihnen stammt. Klären Sie mit Ihrem Betreuer, was in Ihrem Fachgebiet üblich ist.

7.4 Navigieren Sie Ihre Leser und Leserinnen!

Ihre ausgewählten Informationen reihen Sie nicht beziehungslos aneinander, sondern Sie bieten sie Ihren LeserInnen in einer sinnvollen, systematischen und sachlogischen Reihenfolge dar. Typisch für ingenieurwissenschaftliche Texte sind sprachliche und optische Wegweiser, die Ihre LeserInnen durch den Text führen, sie sozusagen navigieren.

Einige Wegweiser lernen Sie in den folgenden Abschnitten kennen:

- nachvollziehbare und logische Gliederungen von Texten
- Advance Organizers
- Überschriften, Zwischenüberschriften und Beschriftungen von Abbildungen und Tabellen
- interne und -externe Verweise im Text
- Verzeichnisse
- das Layout des Textes

7.4.1 Die Gliederung

Eine inhaltlich logische und systematische Gliederung Ihrer Arbeit hilft Ihren LeserInnen, die Reihenfolge sowie Gemeinsamkeiten, Ordnungen und Kategorien Ihrer Inhalte zu erkennen und nachzuvollziehen. Sie ermöglicht Ihren LeserInnen außerdem, nur die Teile Ihrer Arbeit zu lesen, die sie wirklich interessieren.

Greifen Sie auf „Standardgliederungen" zurück (s. auch 5.1.1). Beispielsweise ist eine Einleitung in vielen Fachtexten ähnlich aufgebaut. Wenn Sie Ihre Einleitung ebenfalls nach einem ähnlichen Muster aufbauen, haben Ihre LeserInnen einen hohen Wiedererkennungseffekt. Sie wissen, was sie beim Lesen einer Einleitung normalerweise erwartet und fühlen sich beim Lesen in ihrer Erwartung bestätigt. Das erleichtert Ihren LeserInnen das Verständnis.

Untergliedern Sie Hauptabschnitte sachlogisch in Unterabschnitte. Ein Abschnitt (auch als Kapitel bezeichnet) bildet den inhaltlichen Rahmen für seine Unterabschnitte. Er kann auch der Oberbegriff der untergeordneten Teilabschnitte sein. Die Teilabschnitte repräsentieren dann die Teilaspekte. Die Unterabschnitte wiederum sollten den übergeordneten Abschnitt inhaltlich vollständig abdecken und dürfen sich inhaltlich nicht überschneiden.

Räumen Sie Ihre Arbeit auf. Oft kommt es vor, dass Informationen sich in einem Abschnitt befinden, die eigentlich besser in einen anderen Abschnitt gehören. Erläutern Sie Informationen, die für das Verständnis eines bestimmten Abschnitts der Arbeit benötigt werden, vor diesem Abschnitt oder zu Beginn des Abschnittes.

Vermeiden Sie Redundanzen. Redundanzen sind Wiederholungen von Informationen, die Sie in einem anderen Abschnitt bereits gebracht haben. Redundanzen zeigen sich häufig in Gruppenarbeiten, wenn die einzelnen Gruppenmitglieder nicht die Textteile der anderen Mitautoren gelesen haben.

Achten Sie auf die Binnenstruktur innerhalb einzelner Abschnitte. Halten Sie beispielsweise bei inhaltlich gleichartigen Abschnitten eine gleiche Reihenfolge der Inhalte ein. Beschreiben Sie gleiche Sachverhalte in der gleichen Reihenfolge und mit den gleichen Worten.

Wenn Sie beispielsweise drei ähnliche Anlagen beschreiben wollen, können Sie die Beschreibung immer in der gleichen Reihenfolge und nach dem gleichen Muster gestalten:

1. Bezeichnung der Anlage
2. Funktionsweise
3. Skizze zum Aufbau
4. Beschreibung des Aufbaus
5. Anlagenvarianten

Beschreiben Sie technische Prozesse oder Verfahren wiederum in der Reihenfolge, in der die Prozesse in der Realität durchlaufen werden.

Überprüfen Sie Ihre Gliederung anhand von „Indikatoren". Die Indikatoren sind Gliederungstiefe und -breite sowie der inhaltliche Umfang.

Die Gliederungstiefe gibt die Zahl der Gliederungsebenen an. In ingenieurwissenschaftlichen Arbeiten liegt die Gliederungstiefe zwischen drei und maximal fünf Gliederungsebenen. Das bedeutet, dass ein Hauptkapitel in maximal drei bzw. fünf Unterabschnitte differenziert werden darf:

1

1.1

1.1.1

1.1.1.1

1.1.1.1.1

Fragen Sie Ihren Betreuer, wie viele Gliederungsebenen in dem Fachgebiet üblich und erlaubt sind.

Wenn Sie zu viele Gliederungsebenen haben, gibt es zwei Möglichkeiten, die Gliederung zu optimieren:

- Wollten Sie möglicherweise zu viele Informationen in einem Abschnitt unterbringen? Dann machen Sie aus einem Abschnitt zwei Abschnitte. Vielleicht löst sich Ihr Problem damit.
- Oder zerlegen Sie den Unterabschnitt auf der letzten Ebene nicht mehr in weitere Abschnitte mit Abschnittsüberschriften, sondern lediglich in Sinnabschnitte. Diese bekommen keine nummerierten Zwischenüberschriften mehr, sondern Sie betonen lediglich ein Schlüsselwort beispielsweise durch Fettdruck.

Die Gliederungsbreite gibt die Zahl der Gliederungspunkte auf derselben Ebene an. Auch hier gibt es „Warnsignale“, die anzeigen, dass Sie Ihre Gliederung optimieren sollten:

- Sie haben zu viele Untergliederungspunkte auf der gleichen Unterebene. Beispielsweise haben Sie Ihren Abschnitt 2 in die Unterabschnitte 2.1 bis 2.17 unterteilt. Überprüfen Sie nun noch einmal, ob Sie nicht möglicherweise gleichartige Unterabschnitte in einem gemeinsamen Unterabschnitt zusammenführen können, um so die Anzahl der Unterabschnitte zu verringern.
- Sie haben zu einem Abschnitt nur einen einzigen Unterabschnitt. Das ist unlogisch: Eine Unterteilung in Unterabschnitte ist nur sinnvoll, wenn Sie mindestens zwei Unterabschnitte haben. Wenn Sie also beispielsweise Ihrem Abschnitt 2 einen Unterabschnitt 2.1 hinzufügen, brauchen Sie mindestens noch einen Unterabschnitt 2.2.
  Wenn Sie keinen weiteren Unterabschnitt finden, bilden Sie lediglich einen Hauptabschnitt und verzichten auf die Unterabschnitte.

Der Abschnittsumfang ist die Zahl der Seiten pro Abschnitt oder Unterabschnitt. Zwar werden Abschnittslängen vom Inhalt bestimmt, jedoch sollten die Abschnitte trotzdem in einem angemessenen Verhältnis zueinander stehen.

Wenn Ihr Abschnitt 2.3 sieben Seiten umfasst, 2.4 hingegen nur eine halbe Seite, sollten Sie diese ungleiche Verteilung aus dem Inhalt heraus begründen können. Wenn Ihnen das nicht gelingt, weil Ihnen für Abschnitt 2.4 beispielsweise einfach Informationen fehlen, überlegen Sie, ob Sie auf diesen Abschnitt vielleicht verzichten können.

Übung

Erklären und begründen Sie gegenüber einem Freund oder einer Kollegin Ihre Gliederung mitsamt den Untergliederungen.

Kommentar

Wenn Sie Ihre Gliederung einem anderen, möglicherweise sogar Fachfremden erläutern und erklären, merken Sie selbst, ob und wann Sie in Erklärungsnot geraten. Überarbeiten Sie dann Ihre Gliederung.

7.4.2 Advance Organizers und Konnektoren

Advance Organizers sind kurze Texte zu Beginn der Arbeit oder einzelner Abschnitte, mit denen Sie Ihre LeserInnen inhaltlich zu den nachfolgenden Informationen hinführen.
Mit Advance Organizers

- führen Sie in die gesamte Arbeit oder in einzelne Abschnitte ein: Einführende Advance Organizers geben meist einen Überblick über die Struktur, Inhalte oder Argumentationslinie der Arbeit oder des jeweiligen Abschnitts.
- bauen Sie eine Brücke zwischen zwei Abschnitten und zeigen so immer wieder den „roten Faden" der Arbeit. Advance Organizers mit Brückenfunktion bestehen oft aus einer kurzen Zusammenfassung des vorherigen Abschnittes und einen Ausblick auf beispielsweise die Zielsetzung des kommenden Abschnittes.

Bei sehr umfangreichen, stark untergliederten Arbeiten helfen Advance Organizers Ihren LeserInnen, den Überblick zu behalten, ohne jedes Mal zum Inhaltsverzeichnis zurückzublättern.

Mit **Konnektoren** verbinden Sie Sätze oder Satzteile. Konnektoren haben immer eine logische Bedeutung für den Satz haben und erleichtern daher Ihren LeserInnen das Verstehen Ihrer Texte (s. Abschn. 4.3.4).

Konnektoren (Auswahl)

damit	→ Absicht erklären
oder, entweder – oder	→ Alternativen nennen
und, sowohl... als auch, weder... noch	→ aufzählen, aneinanderreihen
daher, darum, deshalb	→ Bedingung oder Voraussetzung nennen
allein, jedoch, nur, obgleich, obschon, obwohl, wenn auch	→ einschränken
das heißt (d. h.)	→ erklären
aber, allerdings, während	→ Gegensatz nennen
da, denn, obwohl, sodass, um, weil, wenn	→ Ursache und Wirkung nennen
wie, als, ob	→ vergleichen
während, indem, solange, sowie, sooft, als, wie, denn, nun	→ Gleichzeitigkeit zeigen
nachdem, als, wenn, sobald, sowie, seitdem, seit	→ Vorzeitigkeit zeigen
bis, bevor, ehe	→ Nachzeitigkeit zeigen

7.4.3 Titel, Abschnittsüberschriften und Beschriftungen

Jede wissenschaftliche Arbeit, jeder Abschnitt und alle Visualisierungen erhalten eine Überschrift: Die Arbeit insgesamt bekommt einen Titel, jeder Abschnitt eine Abschnittsüberschrift und jede Visualisierung eine Beschriftung.

Der **Titel** der Arbeit repräsentiert oft die Zielsetzung oder das Vorgehen Ihrer Arbeit, manchmal auch beides. Nicht ungewöhnlich sind daher zwei- bis dreizeilige Titel; schön sind sie aber nicht. Wenn Sie wirklich einen langen Titel brauchen, unterteilen Sie ihn in einen Haupt- und einen Untertitel. So wird er lesbarer. Der Haupttitel nennt dann das Thema, der Untertitel beispielsweise die Zielsetzung der Arbeit.

Sie erinnern sich an die fünf Zielsetzungen aus Abschnitt 3.2.2: Ziel der Arbeit ist...

1. ... *die Modellierung der Wechselwirkung zwischen dem Partikeltransport einer Gas-Feststoff-Strömung und dem Einfluss eines elektrostatischen Feldes.*

2. ... *die Entwicklung eines neuartigen Algorithmus zum Proteindesign basierend auf kurzen Peptidfragmenten.*
3. ... *organisatorische und verfahrenstechnische Möglichkeiten zur Reduzierung von Kunststoffen in Bioabfällen im Hinblick auf ihre praxistaugliche, ökonomische und ökologische Sinnfälligkeit zu bewerten.*
4. ... *die Analyse der Mechanismen, die einer Herzregeneration nach mechanischer Schädigung des Ventrikels des adulten Molches Notophthalmus viridescens zu Grunde liegen.*
5. ... *die Identifizierung wichtiger Prozessparameter für eine optimale Kultivierung von Leishmania tarentolae.*

Übung

Wandeln Sie die Zielsetzungen in Titel um.

Lösungsvorschlag

Das sind die Originaltitel der Dissertationen zu den Zieldefinitionen:

1. *Über den Einfluss der elektrostatischen Feldkraft auf turbulente Zweiphasenströmungen*
2. *Tetrapeptidbasiertes Proteindesign: Ein Lösungsansatz für das inverse Proteinfaltungsproblem*
3. *Bewertung von Maßnahmen zur Reduzierung von Kunststoffen in Bioabfällen*
4. *Analyse der Herzregeneration nach mechanischer Schädigung des Ventrikels des adulten Molches Notophthalmus viridescens*
5. *Untersuchungen zur optimalen Kultivierung von Leishmania tarentolae*

Abschnittsüberschriften spiegeln idealerweise – wenn Ihre LeserInnen sie nacheinander lesen – die inhaltliche Gliederung Ihrer Arbeit. Formulieren Sie daher Überschriften inhaltlich stringent und aufeinander aufbauend.

Abschnittsüberschriften sollten also inhaltlich treffend und möglichst kurz sein. Ideal ist, wenn eine Abschnittsüberschrift nicht mehr als eine Zeile umfasst. Sie können zu lange Abschnittsüberschriften kürzen, indem sie

- die Artikel weglassen
- Aufzählungen und Klammern in der Überschrift vermeiden
- Verben in Substantive umwandeln

In vielen – wenn auch nicht in allen – ingenieurwissenschaftlichen Disziplinen wird es nicht gern gesehen, wenn Sie Abschnittsüberschriften als Fragen formulieren. Um Überschriften zu entwickeln, ist es jedoch durchaus hilfreich, diese zunächst als Frage zu formulieren und die Frage dann in eine Überschrift umzuwandeln. Aus: *Wie habe ich den Versuch durchgeführt?* wird dann beispielsweise: *Versuchsdurchführung.*

Vermeiden Sie außerdem Dopplungen in den Überschriften innerhalb eines Abschnittes: Inhaltlich sollte eine Abschnittsüberschrift nicht einfach nur die Überschriften der Unterabschnitte aufzählen wie beispielsweise:
2. Definition und Vorgehen der Ökobilanz
2.1 Definition
2.2 Vorgehen

Schreiben Sie stattdessen:
2 Die Ökobilanz
2.1 Definition
2.2 Vorgehen

Beschriftungen zu Visualisierungen haben Sie bereits in Abschnitt 7.3.2 kennengelernt.

>> **Tipp**
>>
>> Geben Sie in Überschriften den Inhalt der Arbeit, des Abschnittes oder der Visualisierung inhaltlich korrekt und kurz wieder.

7.4.4 Verweise

Verschiedene Verweise in Ihrem Text stellen Beziehungen zwischen den Textteilen her, aber auch zu Quellen, die Sie für Ihren Text verwendet haben.

Mit dem Quellenbeleg verweisen Sie auf das Literaturverzeichnis, wo sich die ausführliche Literaturangabe, der Vollbeleg, befindet. Der Vollbeleg wiederum verweist auf die Quelle, aus der Sie zitiert haben (vgl. Abschn. 5.3.2). Verweise auf Visualisierungen haben Sie bereits in Abschnitt 7.3.2 kennengelernt.

Vor- und Rückverweise brauchen Sie in Ihrem Text, wenn Sie eine Information entweder schon erwähnt haben oder noch erwähnen werden. Auf diese Weise vermeiden Sie Redundanzen:

Wie bereits in Abschnitt 2.1 dargestellt, ist eine Ökobilanz...
... (s. Abschn. 2.1).

Hat Ihre Arbeit einen **Anhang**, verweisen Sie im Text auf den Anhang an der entsprechenden Stelle im Text:

Die Methodik und Vorgehensweise ist in Anlage 1 detailliert beschrieben.

Tipp

>> Haben Sie mehre Anhänge, sortieren und nummerieren Sie die Anhänge in der Reihenfolge der Nennung im Text.

7.4.5 Verzeichnisse

Mit Hilfe verschiedener Verzeichnisse orientieren sich Ihre LeserInnen schnell in Ihrem Text. Verzeichnisse sind entweder alphabetisch oder chronologisch sortiert. Einige Verzeichnisse stehen vor dem Inhaltsteil, andere erst danach. In Abb. 22 sehen Sie, dass einige der formal notwendigen Elemente einer ingenieurwissenschaftlichen Arbeit vor bzw. nach dem Inhaltsteil – mit Ausnahme des Anhangs und der losen Anlagen – vor allem der Navigation dienen.

Abb. 22: Einige formale Elemente in Ihrer Arbeit dienen der Navigation

Inhalts-, Tabellen-, und Abbildungsverzeichnisse stehen im Allgemeinen am Beginn der Arbeit.

Das Inhaltsverzeichnis gibt einen Überblick über Inhalte und den logischen Aufbau der gesamten Arbeit. Es trägt die Überschrift „Inhaltsverzeichnis" (auch: Inhalt, Content, Gliederung), erhält aber selbst keine eigene Abschnittsnummer.

Das Inhaltsverzeichnis ist eine chronologische Auflistung der Überschriften aller Abschnitte und Unterabschnitte zusammen mit den Abschnittsnummern und den Seitenzahlen:

Wichtig: Alle Abschnitte der Arbeit, die eine nummerierte Überschrift tragen, müssen im Inhaltsverzeichnis erscheinen, also auch der Anhang und sämtliche Verzeichnisse.

Abbildungs- und Tabellenverzeichnisse erleichtern das gezielte Auffinden von Abbildungen und Tabellen in der Arbeit und helfen außerdem Ihren LeserInnen, Ihre Arbeit thematisch und methodisch einzuordnen. Abbildungs- und Tabellenverzeichnisse sind getrennte Auflistungen der Abbildungs- und Tabellentitel zusammen mit der Abbildungs- bzw. Tabellennummer und der Seitenzahl:

Die Beschriftungen sind chronologisch in der Reihenfolge ihres Erscheinens im Text geordnet.

Literaturverzeichnis (s. Abschn. 5.3.3), **Abkürzungsverzeichnis** und **Glossar** stehen häufig am Ende der Arbeit. Sie bieten Ihren LeserInnen die Möglichkeit, zusätzliche Informationen während der Lektüre des Textes nachzuschlagen.

Zwar haben Sie die Abkürzungen bei erster Nennung im Text schon in der Langform eingeführt (vgl. Abschn. 7.2.2), Ihre LeserInnen werden sich jedoch nicht alle Abkürzungen merken können und auch nicht die Textstelle, wo die Abkürzung in ihrer Langform zu finden ist. Daher ist ein Abkürzungsverzeichnis eine nützliche Lesehilfe. Im Abkürzungsverzeichnis sammeln Sie alle fachspezifischen Abkürzungen in alphabetischer Reihenfolge zusammen mit der Langform, jedoch ohne Seitenzahl:

EDTA	Ethylendiamintetraacetat
PCB	Polychlorierte Biphenyle
PVC	Polyvenylchlorid
usw.	

Allgemeinsprachliche Abkürzungen wie *z. B.*, *usw.*, *d. h.* müssen nicht aufgelistet werden.

In einem **Glossar** listen Sie wesentliche Fachbegriffe Ihrer Arbeit gemeinsam mit ihren Erläuterungen in alphabetischer Reihenfolge auf. Glossare sind ein zusätzlicher Service für Ihre LeserInnen und in studentischen Arbeiten eher selten.

7.4.6 Layout

Das Layout eines Fachtextes ist die Summe seiner optischen Wegweiser. Das Layout von Fachtexten dient dazu, Ihre LeserInnen durch den Text zu führen und Ihren Text lesefreundlich zu gestalten.

Sie haben vielfältige Möglichkeiten, das Layout zu gestalten:

- Aufzählungen
- Nummerierungen von Abschnittsüberschriften
- Hervorhebungen (z. B. Fettschrift, Kursivschrift, Großbuchstaben),
- Einzüge und Abstände
- Variation der Schriftgröße und Schriftart
- Pfeile und Farben

Ihrem Gestaltungsspielraum sind wenig Grenzen gesetzt, ein „Zuviel" kann sich jedoch störend zwischen die Information und die LeserInnen stellen. Das Layout soll den Inhalt unterstützen und nicht den Blick ablenken.

Achten Sie bei dem Layout auf eine einheitliche Gestaltung: Einheitlichkeit erreichen Sie, indem Sie inhaltlich gleichartige Textteile mit gleicher Funktion immer in der gleichen Weise gestalten, beispielsweise mit der gleichen Schriftgröße, Schriftart und Farbe.

Gleichartige Textteile sollten immer den gleichen Einzug von der linken Seite haben. So entstehen so genannte Fluchtlinien, die bewirken, dass Ihr Text insgesamt „aufgeräumt" wirkt und die Struktur optisch unterstützt wird.

Tipp

>> Verwenden Sie eine Formatvorlage (s. Abschn. 3.4): So wird das Layout automatisch einheitlich.

Machen Sie die Gliederung Ihres Textes optisch sichtbar: Alle Abschnitte erhalten eine Überschrift. Die Überschrift wird nummeriert und oft fett gedruckt und hat eine andere Schriftart oder -größe. Außerdem wird die Überschrift durch einen Abstand, z. B. eine Leerzeile vom vorhergehenden und dem nachfolgenden Text getrennt. Abschnittsnummern gleicher Ebene beginnen immer an derselben Fluchtlinie.

Die Überschrift der ersten Ebene in der Abb. 23 hat z. B. die Einstellungen: Arial, 14 pt, fett, nummeriert, Abstand zum Text vor der Überschrift 6 pt. Abstand zum Text nach der Überschrift 14 pt, Einzug vom linken Seitenrand 0,25 cm und Einzug der Überschrift nach der Nummer 1,25 cm (s. Pfeile).

Die einmal gewählten Einstellungen für die Überschriften der ersten Ebene (und aller weiteren Ebenen) müssen dann im gesamten Dokument beibehalten werden. Sie dürfen also beispielsweise für Überschriften derselben Ebene nicht einmal Arial verwenden und einmal Times New Roman.

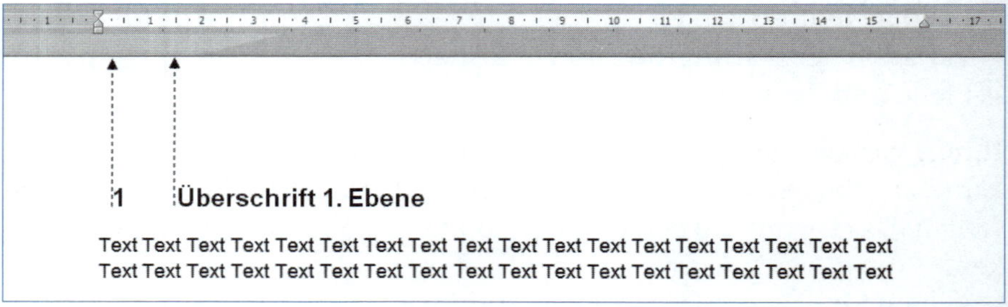

Abb. 23: Beispiel für die Gestaltung einer Überschrift der 1. Ebene

Gliedern Sie einzelne Textteile durch Aufzählungen, etwa wenn ein Satz sonst zu lang wird oder um die aufgezählten Inhalte hervorzuheben. Sie können die aufgezählten Inhalte entweder nummerieren oder mit Aufzählungszeichen strukturieren. Aufzählungszeichen sind Gedankenstriche, Punkte, Pfeile o. Ä.

Achten Sie auch bei Aufzählungen auf die gleichmäßigen Einzüge: d. h. die Einzüge vom Seitenrand zum Aufzählungszeichen müssen gleich lang sein und die Einzüge vom Aufzählungszeichen zum Textbeginn ebenfalls.

Lenken Sie den Blick Ihrer Leser durch Hervorhebungen:

Fette Schriften

- heben wichtige Begriffe oder Textteile hervor, z. B. Überschriften
- sorgen für Übersichtlichkeit
- ermöglichen die schnelle Orientierung und Einordnung der Abschnittsinhalte in den Gesamtkontext

Kursive Schriften

- betonen einzelne Worte und Begriffe im Satz
- kennzeichnen Buch- oder Zeitschriftentitel sowie fremdsprachige Fachbegriffe

Verwenden Sie Unterstreichungen nur in Ausnahmefällen; sie stammen aus der Zeit der Schreibmaschine, als andere Hervorhebungen technisch noch nicht möglich waren.

Tipp

>> Gehen Sie mit Hervorhebungen aller Art sparsam um, denn zu viele Hervorhebungen machen die positiven Effekte insgesamt zunichte.

7.5 Formulieren Sie!

Oberstes Prinzip ist: Schreiben Sie immer in der Sache präzise sowie fachsprachlich und fachlich angemessen und korrekt. Zusätzlich erhöht ein einfacher, klarer Satzbau die Verständlichkeit Ihrer Texte.

7.5.1 Schreiben Sie präzise und korrekt!

Präzision und Korrektheit erreichen Sie vor allem, indem Sie konsequent Fachterminologie und fachspezifische Abkürzungen verwenden. Verwen-

den Sie Fachterminologie und fachspezifische Abkürzungen außerdem einheitlich und durchgehend, variieren Sie sie also nicht.
Nicht präzise und korrekt hingegen sind:

- relative Bewertungen ohne quantitative Bezugsgröße wie *mehr als, besser als, schlechter als, größer als usw.*
- betonende Adverbien in großer Anzahl wie *sehr, unbedingt usw.*

Vage und ungenaue Formulierungen erwecken leicht den Eindruck, der Autor oder die Autorin wolle Unwissen vertuschen. Für diesen Verdacht sollten Sie keinen Anlass bieten.

Übung

Kritisieren Sie den folgenden Satz hinsichtlich seiner fachlichen Präzision und Korrektheit.

Auf dem Land fallen sehr große Mengen Bioabfall an, mehr als in der Stadt.

Kommentar

Die Begriffe „sehr große“ und „mehr als“ sind nicht präzise; es fehlen konkrete Zahlenwerte und ein Referenzwert, um einschätzen zu können, ob eine Menge groß oder klein ist. „Menge“ ist fachlich nicht korrekt, denn Abfall wird nicht in Mengeneinheiten sondern Masseeinheiten angegeben. Außerdem wirken die Ausdrücke „Land“ und „Stadt“ etwas naiv.

Eine optimierte Version des obenstehenden Satzes zeigt das folgende Beispiel aus der Dissertation *Bewertung von Maßnahmen zur Reduzierung von Kunststoffen in Bioabfällen*:

In Wohngebieten mit aufgelockerter, ländlicher Bebauung sind die getrennt erfassbaren organischen Bioabfallmengen aufgrund des höheren Grünflächenanteils mit rd. 100 – 180 kg/E/a wesentlich höher als in verdichteten, städtischen Gebieten, wo das Bioabfallaufkommen zwischen rund 50 und 70 kg/E/a liegt [27, 29].

Achten Sie weiterhin auf **genderdifferenzierende Formulierungen**. In einem ingenieurwissenschaftliche Text ist das jedoch keine Frage der *political correctness*. Vielmehr geht es darum, Inhalte stets sprachlich zu präzisieren und zu differenzieren. Ingenieurwissenschaftliche Texte sind meist

„aus der Sache heraus" formuliert; es geht um Sachverhalte, Problemstellungen, Lösungen. Personen spielen dabei keine Rolle.

Solange Sie Ihre Arbeit sachbezogen verfassen, haben Sie also kein „Genderproblem". Wenn Sie jedoch beispielsweise Auswirkungen einer Technologie auf Menschen analysieren, kann deren Geschlecht relevant für die Forschungsergebnisse sein.

Seien Sie also präzise, wenn es um Menschen geht: Verwenden Sie männliche und weibliche Formen:

Die Versuchsgruppe besteht aus 12 Männern und 25 Frauen. Oder: 12 der 37 Versuchspersonen sind männlich und 25 sind weiblich.

Es geht dabei nicht um sprachliche Pauschal-Lösungen, sondern um eine differenzierte Darstellungsweise. Entscheiden Sie beim Schreiben sozusagen an Ort und Stelle, welche genderdifferenzierende Formulierung die passende ist. Wenn dabei die Gefahr besteht, dass Ihre Sätze zu umständlich, lang oder komplex werden und Sie sich obendrein in der Grammatik verirren, dann

- ersetzen Sie Paarformen mit dem Plural
- formulieren Sie den Satz oder Satzteile um

So wird aus:

Der Student/die Studentin, der/die sein/ihr Studium mit Auszeichnung abschließt, hat gute Chancen, bei der Firma XY als Mitarbeiter/Mitarbeiterin eingestellt zu werden.

mit der Pluralform „Studierende" und einer Umformulierung:

Studierende, die ihr Studium mit Auszeichnung abschließen, haben gute Chance auf eine Anstellung bei der Firma XY.

Kurzformen wie Ingenieur/in, IngenieurIn oder Ingenieur_in bieten sich ebenfalls an, wenn Sätze über die Gebühr lang oder umständlich werden. Die Akzeptanz bei den Lesern und Leserinnen für diese Formen ist aber nach wie vor nicht hoch.

Tipp

Wenn Sie sich für eine der Kurzformen Ingenieur/in, IngenieurIn oder Ingenieur_in entscheiden, verwenden Sie diese in Ihrem Text durchgehend.

7.5.2 Komplex denken – einfach schreiben?

Fachtexte sind Texte über oft sehr komplexe Inhalte. Das bedeutet jedoch nicht, dass Ihre Texte kompliziert geschrieben werden müssen. Im Gegenteil: Gestalten Sie Ihre Texte möglichst einfach. Verwenden Sie – wo immer es möglich ist – geläufige Worte und vereinfachen Sie den Satzbau.

Tipp

» Umformulierungen und Änderungen im Satzbau sind eine gute Möglichkeit, Ihre Texte zu vereinfachen. Achten Sie jedoch darauf, dass die ursprüngliche Information erhalten bleibt!

Vermeiden Sie Fremdwörter, die nicht zur Fachterminologie gehören. Fremdwörter sind aus anderen Sprachen übernommene Worte, z. B. *Download, Service, signifikant* etc. Manche Fachwörter sind zugleich Fremdwörter, z. B. *Life Cycle Assessment, Recycling* etc., aber längst nicht alle. Verzichten Sie in Ihrer Arbeit auf alle Fremdwörter, die nicht zur Fachterminologie Ihres Untersuchungsgegenstandes oder der Methode gehören. Zusätzliche Fremdwörter sind überflüssig und verwirren Ihre LeserInnen unnötig.

Vermeiden Sie „Kompositaeigenkreationen", die nicht fachlich begründbar sind. Komposita sind mehrgliedrig zusammengesetzte Worte. Viele Fachtermini sind Komposita, z. B. *Pendelhubstichsäge*. Eine Häufung von Komposita macht den Text oft jedoch schwer lesbar. Wenn Sie aus inhaltlichen Gründen ohnehin schon viele fachliche Komposita verwenden müssen, fügen Sie keine Eigenschöpfungen hinzu.

Beispielsweise ließe sich *Kompositaeigenkreation* ersetzen durch *Komposita ohne fachlichen Bezug.*

Variieren Sie den Satzbau. Substantivierungen und Passivkonstruktionen wirken beim Lesen oft sperrig. Wann immer es inhaltlich möglich und richtig ist, variieren Sie daher den Satzbau:

Verwenden Sie anstelle von Passivsätzen hin und wieder auch Aktivsätze.

Übung

Wandeln Sie den folgenden Satz um.

In dem Diagramm wird der zeitliche Verlauf der Messdaten gezeigt.

Lösungsvorschlag

Das Diagramm zeigt den zeitlichen Verlauf der Messdaten.

Ersetzen Sie Substantivierungen (sofern es sich nicht um Fachterminologie handelt) hin und wieder durch aktive Verben.

Übung

Wandeln Sie die unterstrichene Substantivierung in dem folgenden Satz in ein aktives Verb um.

Zur Energieübertragung wird eine hydraulische Presse verwendet.

Lösungsvorschlag

Eine hydraulischen Presse überträgt die Energie.

Reduzieren Sie die Komplexität. Sätze mit mehr als 20 Worten gelten als schwer verständlich. Oft liegt das weniger an der Anzahl der Worte als vielmehr daran, dass lange Sätze häufig auch sehr komplex sind. Komplexe Sätze können auch mit weniger als 20 Worten schwer verständlich sein, wie das folgende Beispiel aus der DIN 10809 zeigt:

Aufguss von Tee ist die durch Extraktion der löslichen Substanzen aus getrockneten Teeblättern hergestellte Lösung. (15 Worte, ein Satz)

Die Unterstreichung im Beispiel kennzeichnet eine so genannte Partizipialkonstruktion. Diese erschwert das Verständnis des Satzes, obwohl er aus weniger als zwanzig Worten besteht. Versuchen Sie daher – unabhängig von der Anzahl der Worte – die Komplexität Ihrer Sätze zu reduzieren. Dafür haben Sie in dem Beispiel verschiedene Möglichkeiten:

Die Partizipialkonstruktion können Sie in einen Relativsatz umwandeln. Das macht den Satz übersichtlicher.

Übung

Wandeln Sie den Satz aus dem obigen Beispiel in einen Relativsatz um.

Lösungsvorschlag

Aufguss von Tee ist die Lösung, die durch Extraktion der löslichen Substanzen aus getrockneten Teeblättern hergestellt wird. (17 Worte, ein Satz)

Der Satz ist in diesem Fall jedoch noch immer recht komplex und viel verständlicher ist er auch nicht. Hier kann es helfen, aus einem Satz zwei Sätze zu machen.

Übung

Formen Sie den Satz in zwei Sätze um.

Lösungsvorschlag

Aufguss von Tee ist eine Lösung. Sie wird hergestellt, indem aus getrockneten Teeblättern die löslichen Substanzen extrahiert werden. (18 Worte, zwei Sätze)

Diese Version ist zwar insgesamt um drei Worte länger, aber schon verständlicher. Sie können aber noch „radikaler" vorgehen und den Satz neu oder zumindest anders formulieren:

Aus getrockneten Teeblättern werden die löslichen Substanzen extrahiert. Die entstehende Lösung heißt ‚Aufguss von Tee'. (15 Worte, zwei Sätze)

Die Anzahl der Worte in dieser Variante ist wieder gleich, verteilt sich aber nun auf zwei kürzere Sätze.

Tipp

Üben hilft! Ihr Sprachgefühl wird besser – mit der Zeit und mit zunehmender Schreibroutine.

7.5.3 Schreiben Sie einfach, aber nicht trivial!

Auch wenn Sie Ihre Sachverhalte in einer einfachen Sprache darstellen, bleiben Sie stets fachlich korrekt und stilistisch angemessen. **Umgangs- oder Jugendsprache** gehören nicht in eine ingenieurwissenschaftliche Arbeit.

Bitte nicht!

Superlative und Übertreibungen	☹ *hervorragend, unglaublich, enorm, super, sensationell...*
Unsicherheitsadverbien	☹ *eigentlich, irgendwie...*
Emotionale Äußerungen	☹ *fürchterlich, widerlich, herzzerreißend...*

Vermeiden Sie auch einen **erzählenden Stil in der Ich-Form**. Sie berichten in Ihrer Abschlussarbeit zwar über Ihre Forschungsarbeit und deren Ergebnisse, Sie als Person treten dabei jedoch in den Hintergrund. Wichtig ist nur der Sachverhalt, um den es geht. Daher sind viele Fachtexte unpersönlich geschrieben; vermeiden Sie die Ich-Form. Das funktioniert in den meisten Fällen, indem Sie „aus der Sache heraus" schreiben. Allerdings wird das Ich-Tabu nicht in allen Fachdisziplinen gleich streng angewendet. So ist ein „schlussfolgerndes Ich" durchaus akzeptiert:

Es sind viele Definitionen möglich. Im Rahmen dieser Arbeit verwende ich die Definition von....

Übung

Wie können Sie den folgenden Satz variieren und die Ich-Form vermeiden?

Ich konnte keine Lösung finden.

Lösungsvorschlag

Variationsmöglichkeiten sind beispielsweise:
Eine Lösung ist nicht zu finden.
Eine Lösung konnte nicht gefunden werden.
Im Rahmen der Arbeit ist es nicht möglich eine Lösung zu finden.
Die Aufgabe ist unter den Rahmenbedingungen nicht lösbar.

7.6 Externes und internes Controlling

Auch kurz vor dem Projektabschluss sollten Sie noch einmal Ihre Arbeit mit Ihrer Zielsetzung vergleichen. Extern holen Sie Feedback ein, von

Ihrem Betreuer oder auch von Kommilitonen. Intern überprüfen Sie noch einmal selbst, ob Sie an alles gedacht haben.

7.6.1 Feedback einholen

Holen Sie Feedback zu Ihrem Text ein, bevor Sie ihn endgültig fertigstellen. Sie selbst erkennen möglicherweise das Offensichtliche nicht mehr, egal ob es sich um Rechtschreibfehler handelt, Brüche in der Logik, unvollständige Informationen oder stilistische Mängel.

Tipp

Bilden Sie Gruppen mit Studierenden in einer ähnliche Situation und unterstützen Sie sich gegenseitig.

Es ist hilfreich, Gliederungen und Inhalte mit anderen zu besprechen und sich Anregungen zum Inhalt aber auch zur Form einzuholen. Ihre Feedback-PartnerInnen geben Ihnen auch Rückmeldungen, ob Ihr Text verständlich ist. Sie

- entdecken inhaltliche Lücken, die Sie übersehen haben
- bemerken logische Brüche, wo Ihnen alles selbstverständlich erschien
- stellen Fragen, die Ihnen helfen, Ihren Inhalt zu präzisieren

Auch Sie können anderen Feedback zu ihren Texten geben und daraus lernen: Indem Sie möglichst konkret sagen, was aus Ihrer Sicht an einem Text optimiert werden müsste, wo Ihnen beim Lesen etwas fehlt oder wo inhaltliche Sprünge zu groß sind, verbessern Sie mit der Zeit Ihr Textgefühl, das Sie mit Übung auch auf Ihre eigenen Texte übertragen können.

Ihre Feedback-GeberInnen müssen nicht den gleichen fachlichen Hintergrund habe wie Sie. Feedback kann Ihnen eigentlich jeder und jede geben: die WG-Mitbewohnerin oder der Kommilitone aus dem gleichen Studiengang, Kollegen oder die Professorin. Beachten Sie in jedem Fall den fachlichen Hintergrund und überlegen Sie selbst, was Sie umsetzen wollen und was nicht. Verantwortlich sind immer Sie selbst für Ihren Text.

Tipp

Planen Sie genügend Zeit für Feedback ein: Ihre Feedbackgeber müssen die Arbeit lesen und Sie brauchen danach noch Zeit, um die Anmerkungen einzuarbeiten.

Holen Sie Feedback ein, indem Sie Ihren Feedbackwunsch möglichst konkretisieren. Fragen Sie nicht einfach: „Wie findest Du es?", sondern formulieren Sie Ihr Anliegen an Ihre TestleserIn. Dann bekommen Sie am ehesten die Anregungen, die Ihnen bei der weiteren Überarbeitung Ihres Textes helfen.

Tipp

>> Wählen Sie für die Rückmeldung nur wenige Seiten aus, da die Rückmeldung in der Regel umso genauer wird, je kürzer der vorgestellte Text ist.

Klären Sie auch, in welcher Form Sie Feedback haben möchten:

- ?? für nicht verstandene Abschnitte
- Kommentare am Rand ggf. mit der Kommentierfunktion im Textverarbeitungsprogramm
- Kommentare im Text in einer anderen Schriftfarbe
- in Form eines Gespräches

Überarbeiten Sie Ihren Text möglichst bald nach dem Feedback. Wandeln Sie dafür das Feedback in eine konkrete Aktivität um.

- Reflektieren Sie das Feedback: Liegt z. B. die Ursache für Schwächen in der Textlogik an der falschen Reihenfolge der Abschnitte oder sind die Überschriften ungenau formuliert?
- Prüfen Sie, welches Feedback für Sie aktuell relevant ist und sortieren Sie die Kritikpunkte nach Prioritäten.
- Formulieren Sie das Feedback in einen konkreten Arbeitsauftrag für sich um,
  z. B. Logik in Abschnitt 4.1 überprüfen, Abbildung 7.5 überarbeiten usw.

Tipp

>> Wenn Ihr Schreibprojekt eine Teamarbeit ist, lassen Sie den gesamten Text abschließend rotieren, d. h. erst liest die erste Person alles und macht Anmerkungen, dann die zweite, dann die dritte.

7.6.2 Internes Controlling: an alles gedacht?

Lesen Sie zum Abschluss die gesamte Arbeit kritisch und überprüfen Sie anhand der folgenden Leitfragen, ob Sie an alles gedacht haben.

Arbeiten Sie im Team, ist es sinnvoll, wenn einer oder eine aus Ihrem Team am Ende den Text überarbeitet und dabei beispielweise auf die Einheitlichkeit des Stils achtet.

Leitfragen für die Text-Überarbeitung

Textfeld Information:

- ☑ Sind alle wichtigen Informationen (in Hinblick auf die LeserInnen und die Zielsetzung) vorhanden?
- ☑ Sind alle überflüssigen Informationen, also alles, was nicht zielführend ist, gestrichen?
- ☑ Sind die Informationen (noch) aktuell?
- ☑ Sind die Ergebnisse klar und eindeutig formuliert?
- ☑ Sind die Ergebnisse und Schlussfolgerungen korrekt und richtig?
- ☑ Werden Probleme bei Experimenten etc. dargestellt (z. B. „Ausreißer" bei Messergebnissen)?
- ☑ Werden offene und nicht gelöste Probleme dargestellt?
- ☑ Werden unbekannte Fachworte erläutert und erklärt?
- ☑ Werden fachspezifische Abkürzungen mit der Langform erläutert?
- ☑ Sind die wortwörtlich übernommenen Zitate inhaltlich aussagekräftig?

Textfeld Navigation:

- ☑ Sind die Quellenverweise im Text korrekt und den Vorgaben entsprechend?
- ☑ Sind die Vollbelege im Literaturverzeichnis vollständig und den Vorgaben entsprechend?
- ☑ Sind die Seiten nummeriert?
- ☑ Sind alle Verzeichnisse vorhanden und vollständig?
- ☑ Sind alle Verzeichnisse einheitlich und übersichtlich strukturiert?
- ☑ Werden Thema, konkrete Fragestellung und Zielsetzung explizit genannt?
- ☑ Entsprechen alle weiteren Inhalte der Fragestellung/dem Ziel?
- ☑ Werden Ergebnisdarstellung und deren Interpretation klar voneinander getrennt?
- ☑ Haben die Ergebnisse einen eindeutigen Bezug zur Aufgabenstellung und Zielsetzung?

- ☑ Beziehen sich Einleitung und Schluss aufeinander? Werden alle Fragen, die in der Einleitung gestellt wurden, im Schlussteil beantwortet?
- ☑ Sind die Überleitungen zwischen inhaltlichen Abschnitten schlüssig?

Textfeld Visualisierung:

- ☑ Ergänzen Tabellen, Abbildungen etc. sinnvoll den Text?
- ☑ Werden Tabellen, Abbildungen etc. im Text angemessen ausführlich erläutert?
- ☑ Sind Tabellen, Abbildungen etc. inhaltlich aussagekräftig?
- ☑ Sind die Tabellen, Abbildungen etc. einheitlich gestaltet und fortlaufend nummeriert?
- ☑ Enthält der Text Verweise auf die Abbildungen, Tabellen und Grafiken?
- ☑ Stimmen die Nummern der Verweise mit der Nummerierung der Bilder überein?

Textfeld Formulierung:

- ☑ Wird die Fachterminologie korrekt verwendet?
- ☑ Sind die Sätze einfach und klar geschrieben?
- ☑ Stimmen Grammatik und Zeichensetzung?
- ☑ Sind die Worte richtig geschrieben?

Korrigieren Sie Rechtschreibung und Grammatik sorgfältig. Insbesondere Tippfehler erwecken leicht bei Ihren LeserInnen den Eindruck, dass Sie nachlässig gearbeitet haben. Man wird mit der Zeit oft „textblind“ gegenüber Rechtschreibfehlern. Lassen Sie daher einige Tage verstreichen, um so inneren Abstand zu der Arbeit zu gewinnen, und korrigieren Sie Ihre Arbeit erst dann.

Tipp

Lassen Sie Rechtschreibung, Grammatik und Zeichensetzung am besten von anderen korrigieren.

8 Am Ende?

Herzlichen Glückwunsch! Ihr Schreibprojekt nähert sich dem Ende; die Zielgerade ist in Sicht. Ein paar abschließende Arbeiten sind noch notwendig, dann können Sie die Arbeit abgeben.

In einigen ingenieurwissenschaftlichen Fachgebieten müssen Sie Ihre Arbeit nun noch „verteidigen", d. h. nach einer Abschlusspräsentation beantworten Sie Fragen Ihres Betreuers zu den Inhalten Ihrer Arbeit. Schließen Sie am Ende Ihr Schreibprojekt auch für sich selbst ab. Machen Sie eine Party und ziehen Sie ein Fazit – das nächste Projekt kommt bestimmt.

8.1 Abschließende Arbeiten

Was gibt es noch zu tun? Ihre Abschlussarbeit hat noch kein Titelblatt. In einigen Fachgebieten ist es außerdem üblich, der Arbeit ein so genanntes Abstract voranzustellen. Überprüfen Sie auch das Layout der Arbeit ein letztes Mal. Nun müssen Sie die Abschlussarbeit nur noch drucken, kopieren, binden und abgeben. Fertig!

Aber Sie kennen sicher Murphys Gesetz: „*Whatever can go wrong, will go wrong*". Angewendet auf Ihr Schreibprojekt besagt es: Kurz vor Abgabe der Arbeit fällt der Drucker aus, die Druckerpatrone ist eingetrocknet, das Papier ist alle und der Copyshop um die Ecke hat Pleite gemacht...

Planen Sie daher zwei bis drei Tage ein und bereiten Sie den reibungslosen technischen Ablauf rechtzeitig vor. Wenn alles klappt, haben Sie zwei Tage Freizeit gewonnen, wenn nicht, bleibt genügend Zeit, nach Ausweichlösungen zu suchen.

Das **Titelblatt** ist schnell gemacht und enthält im Allgemeinen die folgenden Elemente:

Elemente des Titelblattes

- Titel der Arbeit
- wenn vorhanden: Untertitel
- voller Namen des Verfassers oder der Verfasserin
- Matrikelnummer
- ggf. Adresse und Telefonnummer
- Art der Arbeit (Bachelor-, Masterarbeit oder Dissertion)
- Namen der Hochschule und des Instituts
- Ort und Datum
- Name des Fachbereiches/des Institus und des Studienganges
- Name des Betreuers/der Betreuerin (meistens der Professor oder die Professorin)
- ggf. Namen weitere BetreuerInnen, z.B. von Wissenschaftlichen MitarbeiterInnen

Bevor Sie nun aber beginnen, Ihr Titelblatt auch optisch zu gestalten, fragen Sie lieber noch einmal nach: Manche BetreuerInnen haben genaue Vorstellungen von der Gestaltung des Titelblattes. Dabei spielen häufig individuelle ästhetische und formale Aspekte eine Rolle. Einige Fachgebiete haben ein „Corporate Design", aus dem explizite Anforderungen an die optische Gestaltung der Titelblätter folgen. Ansonsten ist es Ihrem Geschmack überlassen, welche äußere Form das Titelblatt bekommt.

Tipp

>> Auf dem Titelblatt steht zwar keine Seitenzahl; es zählt jedoch als Seite 1.

Schreiben Sie nun das **Abstract**. In manchen Fachgebieten ist es üblich, das Abstract sowohl in deutscher als auch in englischer Sprache zu verfassen. Erkundigen Sie sich, was an Ihrem Fachgebiet üblich ist.

Ein Abstract ist eine sehr kurze Zusammenfassung Ihrer Arbeit. Alternative Bezeichnungen sind daher „Kurzfassung" oder auch „Zusammenfassung". Mit Hilfe des Abstracts können Ihre Leser und Leserinnen schnell entscheiden, ob die Arbeit für sie interessant ist. Die Länge eines Abstracts kann – je nach Fachgebiet und Art der Arbeit – zwischen einer halben Seite und zwei Seiten liegen.

Der Aufbau des Abstracts gleicht dem der Arbeit insgesamt: In jeweils ein bis zwei Sätzen beschreiben Sie

- den Kontext Ihrer Arbeit und die Zielsetzung
- die verwendeten Methoden
- Ihre Ergebnisse und Schlussfolgerungen

Das folgende Abstract gehört zu einem Fachartikel über *Wärmeübergangsmessungen auf perforierten Platten*:

Die Eintrittsebene angeströmter Bohrungen ist ein Teil der wärmeübertragenden Fläche in Kühlstrukturen für Gasturbinenbrennkammern sowie Turbinenschaufeln und in Wärmeübertragern. Die vorgestellten experimentellen Untersuchungen wurden in Luftströmungen mit Naphthalinsublimation für die Analogie Wärme-Stoffübertragung und mit Heizfolie nach der Übertemperaturmethode durchgeführt. Danach ist der Anteil des Bohrungsrandes an der zugeordneten Bohrungsumgebung maßgebend, deren Größe vom Mittenabstand der Bohrungen bestimmt wird. Die höchsten Wärmeübertragungskoeffizienten liegen am Bohrungsrand. Beim senkrechten Anströmen ist der Wärmeübergang rotationssymmetrisch. Die Gegenüberstellung der Ergebnisse mit Literaturangaben erfolgt über das für wärmetechnische Berechnungen interessierende Produkt flächengemittelter Wärmeübergangskoeffizient und zugeordnete Fläche. Bei überströmten Bohrungen ist der Wärmeübergang nicht rotationssymmetrisch.

Überprüfen Sie das Layout der Arbeit. Wandeln Sie dazu das Dokument in ein PDF-Dokument um. Überprüfen Sie dann am Bildschirm, ob alles so aussieht, wie Sie es möchten. Gibt es Seitenumbrüche, die dazu führen, dass Tabellen auf zwei Seiten verteilt werden oder eine einzelne Zeile auf die nächste Seite rutscht? Das sieht nicht gut aus und Sie müssen nachbessern. Wenn Sie mit LaTeX arbeiten, sollte so etwas eigentlich nicht passieren, bei Word hingegen müssen Sie sicherlich nachbessern.

> **Tipp**
>
> Wenn Sie mit Word arbeiten, aktualisieren Sie das Dokument im Anschluss noch einmal, damit in den Verzeichnissen wirklich die aktuellen Seitenzahlen erscheinen.

Bereiten Sie den Druck vor. Achten Sie darauf, dass Sie ausreichend Papier der gleichen Sorte im Haus haben, damit es keine farblichen Unterschiede innerhalb Ihrer Arbeit gibt. Die Weißtöne verschiedener Papiersorten unterscheiden sich.

Müssen Sie die Arbeit auf einem fremden Drucker ausdrucken, achten Sie darauf, dass auf Ihrem Rechner der Druckertreiber dieses Druckers installiert ist. Verschieden Drucker führen zu unterschiedlichen Druckergebnissen. Sie umgehen das Druckerproblem, wenn Sie Ihre Arbeit in ein PDF-Dokument umwandeln. Schriftarten und Layout sollten dann – unabhängig vom Drucker – erhalten bleiben.

Kopieren, binden und was noch? Einige Betreuer möchten zwei Exemplare: eines als Korrekturexemplar und eines zur Archivierung im Fachgebiet. Hinzu kommt dann ein drittes zur Abgabe im Prüfungsamt.

Das Korrekturexemplar soll häufig nur einseitig bedruckt sein und nicht gebunden werden. Das Abgabeexemplar hingegen kann – abhängig von den Anforderungen Ihres Betreuers – auch doppelseitig bedruckt sein und sollte gebunden sein.

Viele Betreuer verlangen außerdem, dass Sie eine CD im Fachgebiet abgeben, auf der alle Dateien gespeichert sind, z. B.:

- die Abschlussarbeit selbst
- ggf. Programme, die Sie geschrieben haben
- Grafiken und Excel-Tabellen
- ggf. Ihre Präsentationsfolien
- elektronisch verfügbare Quellen, die Sie genutzt haben: Downloads von Websites, E-Mails von Gesprächspartnern etc.

Tipp

>> Nehmen Sie Ihre Abschlussarbeit zu zukünftigen Vorstellungsgesprächen mit. Sparen Sie daher weder an der Papierqualität noch am Einband und der Bindungsart!

8.2 Tipps für die Abschlusspräsentation

Auch eine mündlich vorgetragene Präsentation ist ein Text. In diesem Abschnitt finden Sie daher Tipps, wie Sie die „Textseite" Ihrer Präsentation gestalten können.

Klären Sie die Zeitvorgaben. Diese sollten Sie nicht überschreiten. Schätzen Sie mit der sehr groben Formel: eine Folie = zwei Minuten ab, wie viele Präsentationsfolien Sie brauchen. Ein Vortrag von 20 Minuten umfasst etwa zehn Folien. Das ist eine Mischkalkulation: Auch die Titelfolie und die Folie mit der Gliederung zählen mit. Beide Folien nehmen i. A. weniger Zeit in Anspruch, so dass Sie Zeit gewinnen für erklärungsbedürftige Folien.

Reicht die Zeit für Ihre Inhalte nicht aus, reduzieren Sie entweder Ihre Inhalte und planen weniger Folien ein oder Sie sagen weniger zu den einzelnen Folien.

>> **Tipp**
>
> „Packen" Sie nicht alles in die Präsentation, was Sie wissen. Lassen Sie noch etwas für die Diskussion übrig.

Wählen Sie die Inhalte aus. Beantworten Sie in Ihrer Präsentation für Ihre ZuhörerInnen die folgenden Fragen:

1. Was ist das Problem und warum ist es relevant?
2. Was ist das Ziel Ihrer Arbeit?
3. Mit welcher Methode sind Sie vorgegangen, um das Problem zu lösen?
4. Welche Ergebnisse haben Sie erreicht?
5. Was sind Ihre Schlussfolgerungen?

Variieren Sie die Dichte der Inhalte. Entscheiden Sie abhängig von der Zeitvorgabe welche Inhalte Sie ausführlich vortragen wollen:

Müssen Sie Ihr methodisches Vorgehen und die Ergebnisse Ihrer Forschungsarbeit wirklich detailliert darstellen? Oder reicht es, wenn Sie nur die Highlights in Bezug auf Ihre Zielsetzung präsentieren?

Müssen Sie den zeitlichen Ablauf Ihrer Forschungsarbeiten in allen Etappen darstellen? Oder reicht es, wenn Sie sagen: „Die Forschungsarbeiten erstreckten sich über den Zeitraum 2009 bis 2011"?

Behalten Sie dabei im Hinterkopf, dass Sie bestimmte Aspekte, die Sie im Vortrag nur kurz erwähnen, in der anschließenden Verteidigung ausführlich besprechen können. Weisen Sie bereits während des Vortrags auf diese Möglichkeit hin: „Wenn Sie Fragen hierzu haben, können wir das gern in der anschließenden Diskussion klären". Halten Sie weitere Präsentationsfolien als Reserve bereit, die Sie bei Bedarf während der Diskussion „nachliefern".

Strukturieren Sie den Vortrag. Der Aufbau Ihrer Präsentation gleicht von der Grundstruktur dem Ihrer Arbeit oder auch Ihres Exposés.

„Klassischer" Aufbau einer Präsentation:

Einführung
- Begrüßung
- Gliederung/Outline/Agenda
- Thema

Inhaltsteil
- Hintergrund und Zielsetzung
- Vorgehen
- Ergebnisse
- Zusammenfassung/Fazit

Abschluss
- Dank und Abschied
- Alternativ: Einladung zur Diskussion

Gestalten Sie die Präsentationsfolien. Sie können Ihre Folien mit Hilfe von Text oder mit Hilfe von Visualisierungen gestalten. Texte eignen sich für

- Zusammenfassungen
- Aufzählungen
- Gegenüberstellungen von Vor- und Nachteilen
- Hervorhebung wichtiger Aussagen etc.

Achten Sie bei Textfolien jedoch darauf, die Folien nicht zu überfrachten. Eine gute Regel ist, dass eine Folie maximal sieben inhaltliche Aspekte enthalten sollte:

- Nennen Sie nur wichtige Kernaussagen.
- Verwenden Sie einfache und kurze Formulierungen.
- Formulieren Sie Aufzählungen in Stichworten.

Achten Sie auch auf die Lesbarkeit Ihrer Präsentation:

Lesbarkeit bis in die letzte Reihe!

- Trennen Sie schwer lesbare Wörter (z. B. Sauerstoff-Flasche statt Sauerstoffflasche).
- Ersetzen Sie – wenn möglich – lange Worte durch mehrere kurze Worte.
- Verwenden Sie serifenlose Schriftarten (z. B. Arial, Futura).
- Achten Sie auf ausreichenden Zeilenabstand.

- Mischen Sie unterschiedliche Schriftarten nicht oder nur sparsam. Die Folien wirken sonst unruhig.
- Wählen Sie für die Schriftgröße von Überschriften mindestens 20 pt (gern größer).
- Wählen Sie für die Schriftgröße des weiteren Textes mindestens 16 pt (gern größer).
- Gestalten Sie Hervorhebungen durch verschiedene Schriftschnitte (**fett,** *kursiv,...)* der gleichen Schriftart.
- Beachten Sie: GROSSBUCHSTABEN verringern die Lesbarkeit!

Wenn Sie **Visualisierungen** verwenden, achten Sie auch hier darauf, dass Sie die Folie nicht überfrachten. Überarbeiten Sie ggf. die Tabellen oder Abbildungen so, dass die Kernaussage hervorgehoben wird und lassen Sie Details weg.

Sollte das aus inhaltlichen Gründen nicht möglich sein oder dazu führen, dass eine Aussage verzerrt oder falsch wird, gibt es einen „Kunstgriff“: Reichen Sie die komplexe und detailreiche Abbildung als Papierausdruck (Handout) dazu. Oder zeigen Sie die komplexe Abbildung einmal als Ganzes auf der Präsentationsfolie und sagen dazu, dass Sie an dieser Stelle lediglich die Komplexität verdeutlichen möchten. Auf der nachfolgenden Folie zeigen Sie dann Details oder Ausschnitte aus der vorherigen. Diese sollten dann gut erkennbar sein und das zeigen, was Ihnen wichtig ist.

Tipp

>> Überfrachten Sie Ihre Folien nicht mit Informationen.

Üben Sie geeignete Formulierungen. Üben Sie Ihren Vortrag und überlegen Sie, was Sie zu jeder Folie sagen wollen. Machen Sie sich Notizen, aber schreiben Sie nicht den gesamten Vortrag auf, um ihn dann abzulesen oder auswendig zu lernen.

Sollten Sie große Redeangst haben oder das erste Mal vortragen, notieren Sie sich Satzanfänge und Formulierungen für Übergänge, mit deren Hilfe Sie Ihren Vortrag strukturieren:

Gut gegen Redeangst: Redemittel für Präsentationen

Sie möchten Thema, Titel oder Ziel Ihrer Arbeit nennen? Sie sagen:
- Der Titel meiner Präsentation lautet:...
- Ich möchte Ihnen heute über... berichten.
- In meiner Präsentation werde ich Ihnen... vorstellen.
- In meiner Präsentation geht es um...
- Das Ziel meiner Arbeit ist...

Sie möchten die Gliederung vorstellen? Dann sagen Sie:
- Zuerst gebe ich Ihnen einen kurzen Überblick über meine Präsentation.
- Ich habe die Präsentation in x Teile gegliedert:...
- Die folgende Punkte werde ich Ihnen in meiner Präsentation vorstellen:...
- Erstens:.../Zweitens:.../Drittens:...
- Ich gebe zunächst einen kurzen Überblick über XY. Danach stelle ich Z dar. Ich wende mich dann Y zu. Abschließend fasse ich XYZ zusammen.
- Ich beginne mit... Danach spreche ich über.... Zum Ende werde ich dann...

Sie möchten Ihre Präsentation zusammenfassen? Dann sagen Sie:
- Sie haben gesehen, dass...
- Zusammenfassend kann festgestellt werden, dass...
- Ich möchte noch einmal die wichtigsten Punkte zusammenfassen:...

Sie möchten von einem Aspekt zum nächsten überleiten? Dann sagen Sie:
- Ich wende mich nun dem Aspekt X zu:
- Als nächstes möchte ich Ihnen...
- Ein weiterer (wichtiger) Punkt ist...
- Bevor ich zum Ende der Präsentation komme, lassen Sie mich noch kurz auf X eingehen.
- Soweit zu der Darstellung der Ergebnisse. Was sagen sie uns?
- Vielleicht fragen Sie sich,...? Eine mögliche Antwort gebe ich Ihnen im folgenden Abschnitt meiner Präsentation:...

Sie möchten auf das Vorwissen Ihre ZuhörerInnen Bezug nehmen? Dann sagen Sie:
- Sie haben bereits im ersten Teil meiner Präsentation erfahren, dass...
- Es ist Ihnen sicherlich bereits aufgefallen, dass...
- Wie Sie vielleicht wissen,...

- Sicher ist es nicht neu für Sie, dass...
- Sie kennen möglicherweise...

Sie möchten ein Beispiel nennen? Dann sagen Sie:

- Ich möchte Ihnen diesen Sachverhalt anhand eines Beispiels erläutern.
- Ich möchte das mit einigen Beispielen belegen.

Sie möchten die Präsentation beenden? Dann sagen Sie:

- Damit bin ich am Ende meiner Präsentation.
- Ich danke Ihnen für Ihre Aufmerksamkeit. Haben Sie noch Fragen?
- Vielen Dank fürs Zuhören. Haben Sie noch Fragen?

Machen Sie sich mit der Technik vertraut. Klären Sie: Sind Laptop und Beamer vorhanden oder müssen Sie sich selbst darum kümmern? Seien Sie außerdem am Tag der Präsentation rechtzeitig vor Ort, damit Sie alles aufbauen und ausprobieren können.

Wenn Sie mit PowerPoint arbeiten, speichern Sie Ihren Vortrag in verschiedenen Versionen ab, da nicht immer alle Rechner auf dem neuesten Stand der Software-Entwicklung sind. Oder fragen Sie vorher nach.

Tipp

>> Bringen Sie sicherheitshalber Ihre Präsentation auf USB-Stick, CD-ROM und als Papierversion mit.

8.3 Nach dem Projekt ist vor dem Projekt

Gehen Sie nach der Abgabe und Verteidigung nicht sofort zur „Tagesordnung" über, sondern schließen Sie Ihr Schreibprojekt auch für sich selbst ab.

Räumen Sie auf: Archivieren Sie wichtige Informationen und relevantes Material. Löschen Sie Dateien, die Sie nie wieder brauchen. Sortieren Sie auch den „Papierkram" und werfen Sie weg, was nicht wichtig ist.

Wenn Sie in einer Firma gearbeitet haben oder in einem Institut, hinterlassen sie einen sauberen Arbeitsplatz. Spendieren Sie Ihren Kollegen und Kolleginnen ein Stück Kuchen und bedanken Sie sich für die Unterstützung.

Markieren Sie auch für sich selbst das Ende. Feiern Sie! Leisten Sie sich ein schönes Essen, eine kleine Reise oder einen faulen Tag, an dem Sie nichts tun. Und nehmen Sie sich noch einmal etwas Zeit, um den gesamten Projektverlauf zu reflektieren. Ziehen Sie Bilanz:

- Was lief gut und was nicht?
- Welche Faktoren haben Ihr Projekt behindert?
- Welche Faktoren haben zu dem Gelingen Ihres Projekts beigetragen?
- Welches sind Ihre persönlichen Stärken, die Sie nutzen konnten?
- Was würden Sie beim nächsten Mal anders machen?
- Und was würden Sie ganz genauso machen?

Bitten Sie auch Ihren Betreuer um ein abschließendes Feedback: Wie schätzt er die Zusammenarbeit mit Ihnen ein? Bedanken Sie sich für die Betreuung und die Zusammenarbeit, auch wenn es nicht immer gut lief.

Projektmanagement ist ein lernender Prozess. Aus den Erfahrungen der vorhergehenden Projekte lernen Sie für zukünftige. Auch Ihr Schreibprojekt war ein Lernprozess. Viele Kompetenzen, die Sie eigentlich schon von Anfang an gebraucht hätten, um es erfolgreich abzuschließen, haben Sie erst im Projektverlauf erworben.

Möglicherweise ergeben einige Tipps in diesem Buch erst jetzt für Sie einen Sinn. Es ist eben ein Unterschied, ob man etwas liest und lediglich mit dem Verstand erfasst, oder eine Notwendigkeit aus der Praxis heraus erlebt. Vielleicht wissen Sie nun aber auch, was Ihnen in diesem Buch gefehlt hat. Dann schreiben Sie mir bitte. Ich freue mich auf Ihr Feedback!

Ihre Judith Theuerkauf

9 Verzeichnis verwendeter Quellen

Aus folgenden Quellen wurde Textpassagen, teilweise leicht verändert, übernommen:

Bea, Franz Xaver; Scheurer, Steffen; Hesselmann, Sabine, *Projektmanagement, 2. Aufl., Konstanz, München, 2011* (UTB 2388).

Böttner, Carl-Uwe, Über den Einfluss der elektrostatischen Feldkraft auf turbulente Zweiphasenström*ungen*, Dissertation, URL.: http://bit.ly/wshp3n, Halle-Wittenberg, 2002 (Zugriff am 18.01.2012).

Dallüge, Roman: *Tetrapeptidbasiertes Proteindesign: Ein Lösungsansatz für das inverse Proteinfaltungsproblem*, Dissertation, URL.: http://bit.ly/x9zkZI, Halle-Wittenberg, 2008 (Zugriff am 18.01.2012).

DIN 10809, *Untersuchung von Tee, Bereitung eines Aufgusses für sensorische Prüfungen*, Berlin, 1988.

DIN 69901-2, *Projektmanagement – Projektmanagementsysteme – Teil 2, Prozesse, Prozessmodell*, Berlin, 2009.

DIN 69901-5, *Projektmanagement – Projektmanagementsysteme – Teil 5, Begriffe*, Berlin, 2009.

DIN EN ISO 14040:2009-11 (D), *Umweltmanagement – Ökobilanz – Grundsätze und Rahmenbedingungen (ISO 14040:2006)*, Berlin, 2006.

Fleischer, Günter; Hake, Jürgen-Friedrich, *Aufwands- und ergebnisrelevante Probleme der Sachbilanzierung*, Jülich, 2002 (Schriften des Forschungszentrums Jülich, Reihe Umwelt Band 30).

Fleischer, Günter; Isernhagen, Carola; Klein, Ulrike, *Verfahren zur Vorbehandlung von metallischen und nicht-metallischen Oberflächen unter dem Aspekt der Vermeidung und Verwertung von Abfällen*, Berlin, 1997 (Bericht für das Umweltbundesamt, unveröffentlicht).

Fritsche, Claudia L. E., *Untersuchungen zur optimalen Kultivierung von Leishmania tarentolae*, Dissertation, URL.: http://bit.ly/zfAaiz, Halle-Wittenberg, 2008, (Zugriff am 18.01.2012).

Kaiser, Erwin, „Wärmeübergangsmessungen auf perforierten Platten mit An- und Überströmung", in: Forschung im Ingenieurwesen 75, Nr. 1/2011, S. 15-24.

Kemfert, Claudia; Diekmann, Jochen, „Förderung erneuerbarer Energien und Emissionshandel – wir brauchen beides", in: Wochenbericht des DIW Berlin, Nr. 11/2009. S. 169-174.

Kruse, Julia, *Analyse der Herzregeneration nach mechanischer Schädigung des Ventrikels des adulten Molches Notophthalmus viridescens*, URL.: http://bit.ly/zzyPoq. Dissertation, Halle-Wittenberg, 2008, (Zugriff am 18.01.2012).

Matschke, Klaus et al., „Beeinflussen Drug-eluting Stents das Spektrum der Koronarchirurgie?", in: Herz 29, Nr. 2/2004, Urban&Vogel, S. 201-207.

Niess, Andreas M. et al., „Freie Radikale und oxidativer Stress bei körperlicher Belastung und Trainingsanpassung – Eine aktuelle Übersicht", in: Deutsche Zeitschrift für Sportmedizin 53, Nr. 12/2002. S. 345-353.

OECD Guideline for Testing of Chemicals, *Ready Biodegradability*, adopted by the Council on 17th July 1992. URL.: http://bit.ly/9TeoNW (Zugriff 18.01.2012).

Otto, Simone, *Bewertung von Maßnahmen zur Reduzierung von Kunststoffen in Bioabfällen*, Dissertation, URL.: http://bit.ly/trWxFo, Halle-Wittenberg, 2004 (Zugriff am 18.01.2012).

Stadler, Konrad S.; Poland, Jan; Gallestey, Eduardo, „Model predictive control of a rotary cement kiln", in: Control Engineering Practice, Nr. 19/2011, S. 1–9.

10 Zum Weiterlesen

Weitere Tipps zur effektiven und effizienten Gestaltung Ihrer Schreibprojekte finden Sie hier:

Ballstaedt, Steffen-Peter, *Visualisieren, Bilder in wissenschaftlichen Texten*, Stuttgart, 2011 (UTB 3508).

Baumert, Andreas; Verhein-Jarren: *Texten für die Technik. Leitfaden für Praxis und Studium, Berlin, Heidelberg, 2012.*

Duden, *Die deutsche Rechtschreibung. Das umfassende Standardwerk auf der Grundlage der neuen, amtlichen Regeln*, Mannheim u.a., 2009 (Duden Band 1).

Duden, *Die Grammatik. Unentbehrlich für richtiges Deutsch*, Mannheim u.a., 2009 (Duden Band 4).

Duden, *Richtiges und guten Deutsch. Das Wörterbuch der sprachlichen Zweifelsfälle*, Mannheim u.a., 2011 (Duden Band 9).

Eco, Umberto, *Bekenntnisse eines jungen Schriftstellers*. München,2011.

Esselborn-Krumbiegel, Helga, *Richtig wissenschaftlich schreiben. Wissenschaftssprache in Regeln und Übungen, Paderborn, 2012* (UTB 3429).

Esselborn-Krumbiegel, Helga, *Von der Idee zum Text. Eine Anleitung zum wissenschaftlichen Schreiben. Paderborn, 2008* (UTB 2334).

Femers, Susanne, *Textwissen für die Wirtschaftskommunikation ... leicht verständlich*, Konstanz, 2011 (UTB 8446).

Hahner, Markus; Scheide, Wolfgang; Wilke-Thissen, Elisabeth: *Wissenschaftliche[s] Arbeiten mit Word 2010, Köln, 2011.*

Heimes, Silke, *Schreiben im Studium: das PiiP-Prinzip. Mit 50 Tipps von Studierenden für Studierende. Göttingen, 2011 (UTB 3457).*

King, Stephen, *Das Leben und das Schreiben. Memoiren*, München, 2000.

Kornmeier, Martin: *Wissenschaftlich schreiben leicht gemacht. Für Bachelor, Master und Dissertation*. Bern, Stuttgart, Wien, 2011 (UTB 3154).

Macrorie, Ken, *The I-Search Paper: Revised Edition of Searching Writing*, Portsmouth, 1988.

Püschel, Edith, *Selbstmanagement und Zeitplanung, Paderborn, 2010* (UTB 3430).

Rechenberg, Peter, *Technisches Schreiben (nicht nur) für Informatiker, München, Wien, 2006.*

Rico, Gabriele L., *Garantiert schreiben lernen. Sprachliche Kreativität methodisch entwickeln – ein Intensivkurs auf der Grundlage der modernen Gehirnforschung, Reinbek bei Hamburg, 2001.*

Rosenberg, Marshall B., *Gewaltfreie Kommunikation. Eine Sprache des Lebens*, Paderborn, 2010.

Schiecke, Dieter; Walter, Susanne; Simon, Ute; Pfeifer, Eckehard, *Microsoft Office PowerPoint 2007. Das Handbuch: Das ganze Softwarewissen, Unterschleißheim, 2007.*

Skern, Tim, *Writing Scientific English. A Workbook*, Wien, 2009 (UTB 3112).

Theuerkauf, Judith, Steinmetz, Maria, *AssisThesis. Qualitative Anforderungen an wissenschaftliche Arbeiten an der TU Berlin*, URL.: http://bit.ly/x15ula, Berlin, 2009 (Zugriff 22.01.2012).

11 Register